机场快速修复工程
磷酸镁水泥
应用特性研究

王乐凡　编著

人民交通出版社股份有限公司
北京

内 容 提 要

本书主要以新型快凝快硬修复材料磷酸镁水泥为研究对象,通过理论分析、试验研究和数值仿真的手段,较为全面、系统地研究了磷酸镁水泥材料特性,并提出了适用于机场道面快速修复的最优组成设计。

本书可为从事材料工程、交通运输工程等相关专业的科研、生产、运维人员提供参考。

图书在版编目(CIP)数据

机场快速修复工程磷酸镁水泥应用特性研究/王乐凡

编著. —北京:人民交通出版社股份有限公司,

2022.9

ISBN 978-7-114-18146-7

Ⅰ.①机… Ⅱ.①王… Ⅲ.①高强水泥—研究 Ⅳ.

①TQ172.72

中国版本图书馆 CIP 数据核字(2022)第 151487 号

Jichang Kuaisu Xiufu Gongcheng Linsuanmei Shuini Yingyong Texing Yanjiu

书 名:机场快速修复工程磷酸镁水泥应用特性研究
著 作 者:王乐凡
责任编辑:刘 倩
责任校对:赵媛媛
责任印制:张 凯
出版发行:人民交通出版社股份有限公司
地 址:(100011)北京市朝阳区安定门外外馆斜街 3 号
网 址:http://www.ccpcl.com.cn
销售电话:(010)59757973
总 经 销:人民交通出版社股份有限公司发行部
经 销:各地新华书店
印 刷:北京交通印务有限公司
开 本:720×960 1/16
印 张:11.75
字 数:188 千
版 次:2022 年 9 月 第 1 版
印 次:2022 年 9 月 第 1 次印刷
书 号:ISBN 978-7-114-18146-7
定 价:86.00 元

(有印刷、装订质量问题的图书,由本公司负责调换)

前　言

　　机场道面是飞机起降的重要载体,直接关乎飞机的安全,故当机场道面出现局部损坏后,及时对其进行修复是非常必要的。面对快速修复工程越来越高的性能要求,常规快硬水泥暴露出早期性能不足的缺陷,特别是在低温环境下,水化反应停止,水泥强度无法满足要求,机场道面修复困难。磷酸镁水泥是一种较为新型的胶凝材料,与传统机场道面快速修复材料相比,其具有较高的早期和后期力学性能、较好的体积稳定性能和较强的环境适应性。故本书将磷酸镁水泥引入机场道面快速修复工程中。本书结合机场道面快速修复的需求,较为全面地研究了磷酸镁水泥在机场道面快速修复工程中的应用特性。

　　本书以磷酸镁水泥为对象,以机场道面快速修复为目的,首先从水泥基材料入手,以工作性和力学性能为指标优化了磷酸镁水泥组成设计,并采用宏观和微观相结合的手段对其水化过程及化学收缩进行了较为深入的研究,基于常温环境磷酸镁水泥组成设计,进一步优化了磷酸镁水泥砂浆组成设计;其次,尝试性地进行了低温/负温环境下磷酸镁水泥性能研究,发现磷酸镁水泥在低温/负温环境下仍能发生水化反应,极具低温/负温应用潜力;再次,针对机场道面修复工程,对不同组成设计下磷酸镁水泥混凝土的各种力学性能、耐久性能及粘结性能进行了较为系统的试验研究,提出了综合性能最优的磷酸镁水泥混凝土组成设计;最后,通过数学建模手段进一步分析了磷酸镁水泥混凝土用于机场道面修复时的温度对粘结界面应力的影响,验证了磷酸镁水泥混凝土组成设计,并对磷酸镁水泥混凝土中集料组成提出了建议。

　　本书对磷酸镁水泥材料应用于机场道面快速修复工程具有一定促进作用,可供机场道面修复工程技术人员参考,为极端气候条件下机场道面快速修复增加了可能性。

作　者

2022 年 6 月

目　录

第一章
磷酸镁水泥概述

　　机场道面是机场的主体部分,承担着飞机起降以及停放的重要职责。近年来,随着经济水平的提高,我国航空事业进入快速发展阶段,机场航班频次增多,让人们出行更加方便,却使得机场道面承受的负荷大大增加,许多地区机场道面均发生了不同类型和不同程度的损坏。目前,我国军用机场和民用机场道面多为水泥混凝土道面,这是因为水泥混凝土刚度大、稳定性好、荷载扩散能力较强,且施工较为方便。除了这些优点之外,水泥混凝土还有不可忽视的缺点,由于其为脆性材料,故其相对拉伸变形能力较小,且普通水泥混凝土的抗弯拉和抗疲劳性能相对较弱,特别是当外界温度和湿度变化较大时,混凝土的体积稳定性会受到影响。而对于刚性混凝土而言,所有的影响和损坏都是相互作用的。随着使用年限的增长,水泥混凝土道面的使用性能逐渐降低,当水泥混凝土道面耐受力达到一定程度时,就极易发生损坏,这种损坏多出现于机轮荷载力作用较多的地方,特别是道面板边角位置,而一旦发生损坏,机场道面板就会失去承载能力或影响正常使用[1-5]。

　　我国西北地区地广人稀,如铺设点线式的铁路交通网络,不仅城市之间距离较远,行程时间长,而且施工周期长、费用高,因此国家针对地区特点,大规模施行点对点式交通网络,即在城市周边建设小型机场。这样不仅大大缩短了行程时间,也在一定程度上降低了施工费用。然而,西北地区恶劣的环境气候引发的冻融、盐冻等现象,使得西北地区机场道面混凝土材料的耐久性降低,混凝土道面损坏现象层出不穷,且通过调研发现,大多数严重损坏的出现都是由最初的小范围损坏没有及时修复引起的,所以研究机场混凝土道面的修复工程具有重要的意义。道面修复工程既包括道面板出现较大损坏时的修复,也包括早期道面损坏的局部修复,只有这样才可以保证道面板的整体性,有效延长道面板使用寿命[6-11]。需要特别注意的是,对于机场的道面修复,不论是民用机场还是军用机场,都应尽量在不影响正常航班的前提下进行。这就对修复工程提出了两个要求：一个是修复须在夜间停航后进行，且在早晨通航之前完成施工；另一个则是用来修复的混凝土要有较高的早期强度，不影响白天的通航。所以道面修复所用的混凝土必须具备快凝、快硬的特点，且早期强度能够满足通航要求，后期性能较为稳定、优良。除此之外，我国西北地区昼夜温差较大，夜间温度通常在0℃以下，这对不停航道面修复施工提出了更大的挑战，因为这种环境条件使得修复所用水泥需具备低温甚至负温水化的能力。而目前常用的快速修复水泥混凝土如双快水泥混凝土等，都无法在0℃以下施工。面对实际工程中的诸多要求，最终课题选取磷酸镁水泥为机场道面快速修复胶凝材料进行适合机场道面修复的配合比和性能研究。

磷酸镁水泥是由一定比例氧化镁和磷酸盐掺入缓凝剂配制而成的一种新型胶凝材料，其特点如下[12-19]：

（1）凝结时间短。磷酸镁水泥的凝结与多方面因素有关，常温下通常在几分钟内即可凝结，初凝与终凝时间间隔较短，可快速脱模成型。

（2）强度高。与普通硅酸盐水泥相比，磷酸镁水泥具有很高的强度，可以根据工程的需求，通过调整水泥配合比来调节磷酸镁水泥的早期强度和后期强度。

（3）温度适应性强。磷酸镁水泥在低温和负温环境下均可以发生水化反应，凝结硬化。

（4）体积稳定性好。磷酸镁水泥的热膨胀系数较小，收缩率较低，具有较好的体积稳定性。

（5）耐磨性能好。磷酸镁水泥硬化后表面类似于陶瓷材料，且强度高，所以具有很好的耐磨性能。

（6）抗冻性和抗盐冻性能好。

磷酸镁水泥正是因为具有这些特点，才能够符合西北地区机场道面快速修复的特殊条件要求。因此，研究适用于机场道面快速修复的磷酸镁水泥配合比对西北地区机场道面快速修复具有非常重要的意义。

第一节　磷酸镁水泥的组成

磷酸镁水泥是由氧化镁、磷酸盐与水发生酸碱中和化学反应制成的，而由于反应放热量大、速度快,需加入缓凝剂适当延缓化学反应的进行,才能够得到性能较为优良的磷酸镁水泥胶凝材料[20-25]。为了优化磷酸镁水泥的性能,国内外学者从源头着手,对磷酸镁水泥制备材料和配合比进行了大量研究,主要有以下几点:

1. 氧化镁

Tomic E、Soudée E、Péra J、王爱娟等[26-29]研究得出,氧化镁的活性与磷酸镁水泥的凝结时间息息相关,氧化镁活性越高,水泥凝结时间越短。氧化镁经高温煅烧后成为重烧氧化镁,重烧氧化镁由于表面重组,成团状,比表面积减小,活性较低,可有效延长反应凝结时间,且煅烧温度与凝结时间成反比。杨全兵、常远、姜洪义[30-35]等研究发现,磷酸镁水泥凝结时间与氧化镁比表面积和细度具有明显相关性:比表面积越大,磷酸镁水泥水化速率越快;细度越小,流动性越差,水化速率越快;且磷酸镁水泥凝结时间和流动性主要由 $30\mu m$ 以下的氧化镁细度决定,而 $30 \sim 60\mu m$ 细度的氧化镁含量越多,水泥后期强度越高。杨建明等[36,37]通过研究发现,氧化镁细度减小,水泥早期水化速率加快,但是并非氧化镁细度越小,水泥水化速率越快,而是存在最佳氧化镁细度($180 \sim 225m^2/kg$)。Scamehom[38]通过研究发现氧化镁的溶解速度与表面状态有关,表面光滑的氧化镁颗粒溶解较慢,表面缺陷较多的溶解较快。Li 等[39,40]通过试验发现,磷酸镁水泥的抗压强度随煅烧温度的升高而增大,氧化镁粒径增大,煅烧保温时间延长,也会使水泥强度增大。Ding 等[41]通过采用不同细度的氧化镁颗粒进行试验研究,得出氧化镁颗粒较细的磷酸镁水泥具有较高强度的结论。

所以氧化镁煅烧温度、煅烧保温时间、比表面积、细度、活性、颗粒表面状态等众多因素都对磷酸镁水泥强度、凝结时间等有一定影响。

2. 磷酸盐

不同磷酸盐对制备的磷酸镁水泥性能有不同影响。Yang[30]通过研究发现,以 $NH_4H_2PO_4$ 为原材料制备的磷酸镁水泥早期水化速率快,凝结时间短,强度高,反应中释放的氨气具有毒性。Wagh[42]用 KH_2PO_4 为原材料制备磷酸镁水泥,早期水化速率相对较慢,后期强度与 $NH_4H_2PO_4$ 制备的磷酸镁水泥相近。赖振宇、李情等[43,44]比较了由 $NH_4H_2PO_4$、KH_2PO_4 和 $(NH_4)_2HPO_4$ 三种磷酸盐制备的磷酸镁水泥的区别,其中由 $NH_4H_2PO_4$、KH_2PO_4 制备的磷酸镁水泥性能较为接近;由 $(NH_4)_2HPO_4$ 制备的磷酸镁水泥强度相对较低且凝结时间相对较长;由 $NH_4H_2PO_4$

制备的磷酸镁水泥凝结时间短,早期强度高;由 KH_2PO_4 制备的磷酸镁水泥凝结时间相对较长,早期强度略低,后期强度与 $NH_4H_2PO_4$ 制备的相近。Fan、范英儒等[45,46]通过试验发现由 KH_2PO_4 和 $NH_4H_2PO_4$ 复合制备的磷酸镁水泥强度高于单一磷酸盐制备的水泥,且 $Na_5P_3O_{10}$ 的复掺对磷酸镁水泥性能有明显提高。高瑞等[47]比较了磷酸一氢盐和磷酸二氢盐对磷酸镁水泥的影响,发现由磷酸二氢盐制备的磷酸镁水泥比由磷酸一氢盐制备的磷酸镁水泥凝结时间短,早期强度高。

目前,常用的制备磷酸镁水泥的各种磷酸盐特点总结如下,由 $NH_4H_2PO_4$ 制备的磷酸镁水泥水化速率快、强度高但反应放出有毒气体;由 KH_2PO_4 制备的磷酸镁水泥水化速率慢,强度稍低于由 $NH_4H_2PO_4$ 制备的磷酸镁水泥;由磷酸一氢盐制备的磷酸镁水泥相较于由磷酸二氢盐制备的磷酸镁水泥强度性能较差;KH_2PO_4、$NH_4H_2PO_4$ 与 $(NH_4)_2HPO_4$ 的复掺对强度有所提升。

3. 缓凝剂

高瑞等[47]在水化反应中掺入六偏磷酸钠,有效控制了水化反应速率,延长了凝结时间,且对水泥后期强度没有影响。杨建明等[48]将 $Na_2HPO_4 \cdot 12H_2O$ 掺入磷酸二氢钾和氧化镁反应中,起到了延长凝结时间、增强流动性的作用。Qian 等[49]研究发现,在磷酸二氢钾与氧化镁的反应中掺入 NaH_2PO_4 可以降低磷酸镁水泥的水化速率,提高流动度,延长凝结时间,同时增强后期强度。Hall、Xing 等[50-52]比较了三聚磷酸钠、硼酸和硼砂三种缓凝剂对磷酸镁水泥的影响,其中硼砂的缓凝效果最优,且通过分析发现不同缓凝剂缓凝机理存在差异,硼砂和硼酸是吸附于氧化镁颗粒表面,延缓氧化镁的溶解,而三聚磷酸钠是吸收晶体核子,抑制晶体成核。Yang、姜洪义、薛明等[30,34,53-55]研究了硼砂掺量(B/M)对水泥性能的影响,发现硼砂掺量增大会使水泥凝结时间延长,早期强度下降,这是因为硼砂掺量影响了早期水化产物的生成量和组织结构,而对于后期强度影响较小。谭永山[56]以盐湖提锂副产含硼氧化镁作为原材料,配制出的磷酸镁水泥比一般磷酸镁水泥的凝结时间有所增长。杨建明等[36,37]通过改变硼砂掺量,发现硼砂除了附着于氧化镁抑制溶解外,还对反应体系温度和 pH 值具有调节作用,能够进一步起到缓凝作用。吉飞等[57]研究发现,尿素和硼砂复掺对磷酸镁水泥具有明显的缓凝作用,使其凝结时间明显延长。Li 等[39]通过试验发现硼酸掺入磷酸镁水泥中会使水泥的致密性降低,导致强度有所下降。Lahaalle 等[58]研究了硼酸对磷酸镁水泥的缓凝作用,发现硼酸不会减缓反应物的溶解,而会延缓水化产物晶体的析出。

所以众多缓凝剂都对磷酸镁水泥缓凝具有一定效果,其中硼砂效果最优。

4. 镁磷比

Bouropoulos、Silva 等[59,60]研究发现,pH 值的提高和 Mg^{2+} 浓度的增加会在一定范围内提高水化产物鸟粪石的生成。Zhang 等[61]对低镁磷比(M/P)时磷酸镁水泥水化产物进行了研究,发现镁磷比低于 0.67 时,水化产物为 $MgHPO_4 \cdot 3H_2O$ 和 $Mg_2KH(PO_4)_2 \cdot 15H_2O$;镁磷比大于 1 时,才能生成 $MgKPO_4 \cdot 6H_2O$。Chau 等[62]通过微观研究发现六水磷酸钾镁的结晶度和生长速率与镁磷比密切相关,当镁磷比较低时,水化产物结晶程度较差,只有调整好镁磷比,才能使水化产物生成量增加。Xu 等[63]对高水灰比(W/C)下镁磷比为 4~12 的情况进行比较研究发现,增大镁磷比,凝结时间延长,强度降低,低镁磷比有利于六水磷酸钾镁生成。Weill 等[64]通过试验发现,磷酸镁水泥体系中,在一定范围内氧化镁过量是有利于提高水泥强度和稳定性的,因为磷酸盐是可溶盐,如果未反应完全,遇水后水泥强度会大幅下降。李鹏晓等[65]对镁磷比为 1~8 的情况进行了试验研究,发现镁磷比较小时,磷酸盐吸水膨胀致使强度降低;镁磷比较大时,水化反应速率加快,凝结时间缩短,因此最佳镁磷比为 4~5 之间。姜洪义、汪宏涛等[54,25]对磷酸二氢铵和氧化镁制备磷酸镁水泥进行了研究,得出镁磷比在 4~5 时水泥净浆强度达到最大值,水泥具有最优早期强度,3h 抗压强度将近 40MPa。Xing 等[66]通过试验发现,随着氧化镁含量增加,水泥凝结时间变短、温度升高,且抗压强度增大。Rouzic 等[67]通过试验发现,过量磷酸二氢钾会导致水泥的耐水性较差。Wang 等[68]通过试验研究发现,随着镁磷比增大,水泥抗压强度先增大后减小,低镁磷比时强度小是因为磷酸二氢钾未反应完全,高镁磷比时强度低是因为水化产物未进行融合。Ma 等[69]从孔隙结构的角度研究了镁磷比对磷酸镁水泥抗压强度的影响,最终得出镁磷比为 6 时,孔隙度最低,临界孔径最小,水泥强度最高。Ma 等[70]假定磷酸镁水泥的强度由水化产物的体积比和空间比决定,最终验证了在水灰比不变的条件下存在最优镁磷比,抗压强度最高。

由众多学者的研究可知,制备材料的不同,会使最优镁磷比产生差异,所以最优镁磷比需根据具体材料试验得出。

5. 水灰比

姜洪义等[34]通过试验发现,水灰比为 0.1 时,磷酸镁水泥具有最优 28d 抗压强度,而水灰比小于0.1时,水泥流动性不足,密实性不好,强度较低,故应根据需求选择合适的水灰比。Hall 等[50]对水灰比为 0.05~0.12 的情况进行了试验研究,发现水灰比低于0.08时水化程度较低,水灰比增大之后,过量水分蒸发,使得水泥内部形成细孔结构,影响水泥强度,水灰比增大还会使水化产物结晶体积增大。李鹏晓、Ding、Li、Yang 等[65,71-73]研究了水灰比对磷酸镁水泥性能的影响,发现其变化规律与普通水泥相同,水灰比越高,水泥强度越低,而水灰比太低,流动性也会下降,所以应适当选取使水泥性能较好的水灰比。Li 等[74]通过试验发现,磷酸镁水泥净浆最优水灰比为 0.1~0.13。

由众多学者的研究可知,磷酸镁水泥所需水灰比较低,一定区间内降低水灰比可以提升磷酸镁水泥强度,但是水灰比的降低会使水泥流动性下降,故需根据应用环境试验调整。

6. 掺合料

Ding 等[41]通过试验发现,掺入粉煤灰可以提高磷酸镁水泥的粘结强度和抗压强度,当掺量为30%~50%时,效果最优。Yang 等[53]在磷酸镁水泥中分别掺入石英砂、河沙等,研究掺合料对水泥力学性能的影响,最终发现 28d 龄期时,掺入石英砂的水泥强度最优。Li 等[39]通过微观试验发现,粉煤灰使磷酸镁水泥的微观结构发生了一定改变,一定范围内,随着粉煤灰的增多,抗压强度增高。Li 等[72]通过研究发现,粉煤灰的掺入不仅可以延长磷酸镁水泥的凝结时间,提高流动度,还可以提高磷酸镁水泥砂浆的耐水性和干缩率。Zheng 等[75]通过研究发现,粉煤灰和硅灰的组合掺入有效地提高了磷酸镁水泥的致密程度、力学性能和耐水性能。汪宏涛等[76]通过试验发现,磷酸镁水泥中掺入粉煤灰,可以提高水泥流动度。Joshi等[77]研究了粉煤灰使磷酸镁水泥早期强度降低的原因:粉煤灰掺入会使体系早期呈酸性,减少鸟粪石的生成。林玮等[78]通过在磷酸镁水泥中掺入粉煤灰发现,粉煤灰对磷酸根离子具有吸附效应,可以改善水泥孔结构,使其致密性增加,工作性提高。陈兵等[79]通过试验发现,粉煤灰可改善磷酸镁水泥的流动性,延长凝结时间,最佳掺量为40%~50%;微硅粉可以提高磷酸镁水泥的抗水性和耐磨性;可分散性乳胶粉可增强磷酸镁水泥的流动性和工作性,最佳掺量为2%。侯磊等[80]研究发现,向磷酸镁水泥中掺入矿渣会使凝结时间缩短,但是可以提高水泥的后期强度。张思宇等[81]对掺入粉煤灰磷酸镁水泥进行了力学性能、耐磨性和膨胀性能试验,得出粉煤灰掺量为胶凝材料的 10% 时,抗压强度最高,而随着粉煤灰掺量增大,磷酸镁水泥各种性能下降。Liu 等[82]研究了氧化铝的掺入对磷酸镁水泥的影响,得出一定量氧化铝的掺入可以减小反应放热量,起到缓凝作用,且磷酸镁水泥抗压强度明显提高,水泥孔隙率降低,但是随着氧化铝掺入量的加大,水泥需水量增大,磷酸镁水泥工作性下降。Lai 等[83]通过研究发现,Zn^{2+} 的加入对磷酸镁水泥性能有着较为显著的影响,延长了凝结时间,降低了水泥抗压强度,减缓了早期 pH 值的增加,推迟了水泥水化放热峰的出现。

根据众多学者的研究可知,掺合料可以用来调节磷酸镁水泥的致密性、工作性、耐水性等性能。研究较多的掺合料为粉煤灰。但是掺合料在提高水泥其他性能的同时会使水泥强度有所降低,故应根据实际应用需求选择掺合料。

综上所述,磷酸镁水泥的性能与其原材料的各个因素(如氧化镁比表面积、氧化镁活性、磷酸盐种类、缓凝剂种类、外加掺合料等)都有密切的关系;此外,不同的水灰比、镁磷比、硼砂掺量也会使磷酸镁水泥的各种性能有显著的差异。所以,对于机场道面快速修复工程而言,需要根据每个因素对水泥性能的影响,调整各因素的水平,使得磷酸镁水泥具有最适合机场道面快速修复工程的性能。

第二节　磷酸镁水泥的水化反应机理

众多学者都对磷酸镁水泥的水化反应机理进行了研究,但是目前对于磷酸镁水泥的水化反应机理还没有形成统一的观点。本书对国内外学者关于磷酸镁水泥水化反应机理的几种主要学术观点进行了以下总结。

Wagh 等[84]认为磷酸镁水泥的水化反应可以分为三个阶段:第一阶段为溶解阶段,包括磷酸盐的溶解使浆体呈弱酸性,然后急速溶解氧化镁;第二阶段为酸碱反应阶段,NH_4^+ 与 $H_2PO_4^-$ 反应形成非结晶状态的水化产物,当达到一定程度后,胀破保护层,生成更多的水化产物,形成疏松的胶凝结构;第三阶段为胶凝体饱和结晶阶段,随着水化反应的不断进行,胶凝体越来越致密,最终形成以未水化的氧化镁颗粒为结构,以 $MgNH_4PO_4 \cdot 6H_2O$ 为界面粘结剂的网状结晶结构,具有很好的力学性能。

Ding 等[85]认为磷酸镁水泥水化反应体系如下式所示。通过微观试验分析可知,首先磷酸盐溶解于水中,电离出 $H_2PO_4^-$ 使体系呈弱酸性,然后 MgO 溶于水中发生水解,生成 $Mg(OH)_2$ 之后,产生 Mg^{2+} 和 OH^-,Mg^{2+} 与水反应生成 $Mg(H_2O)_6^{2+}$,再与 K^+ 和 PO_4^{3-} 发生反应,最终形成 $MgKPO_4 \cdot 6H_2O$。

$$KH_2PO_4 \longrightarrow H_2PO_4^- + K^+ \tag{1.1}$$

$$MgO + H_2O \longrightarrow MgOH^+ + OH^- \tag{1.2}$$

$$MgOH^+ + 2H_2O \longrightarrow Mg(OH)_2 + H_3O^+ \tag{1.3}$$

$$Mg(OH)_2 \longrightarrow Mg^{2+} + 2OH^- \tag{1.4}$$

$$Mg^{2+} + 6H_2O \longrightarrow Mg(H_2O)_6^{2+} \tag{1.5}$$

$$Mg(H_2O)_6^{2+} + K^+ + PO_4^{3-} \longrightarrow MgKPO_4 \cdot 6H_2O \tag{1.6}$$

Chau、Qiao 等[62,86,87]认为磷酸镁水泥的水化反应是一个反应体系,由于水灰比低时反应迅速无法进行分析,故稀释了磷酸镁水泥进行机理研究,这个反应体系包括如下水化反应:先是磷酸盐溶解于水产生离子,然后与 Mg^{2+} 反应,析出 $MgHPO_4 \cdot 7H_2O$,析出的结晶量随 pH 值和温度升高而增多,当 pH 值大于 7 时,水化产物转化为 $Mg_2KH(PO_4)_2 \cdot 15H_2O$,随着 pH 值的急剧上升,水化产物再次转化为最终产物 $MgKPO_4 \cdot 6H_2O$。

$$KH_2PO_4 \longrightarrow H_2PO_4^- + K^+ \tag{1.7}$$

$$H_2PO_4^- + MgO + 7H_2O \longrightarrow MgHPO_4 \cdot 7H_2O + OH^- \tag{1.8}$$

$$2MgHPO_4 \cdot 7H_2O + K^+ + OH^- \longrightarrow Mg_2KH(PO_4)_2 \cdot 15H_2O \tag{1.9}$$

$$2HPO_4^{2-} + 2MgO + K^+ + 16H_2O \longrightarrow Mg_2KH(PO_4)_2 \cdot 15H_2O + 3OH^- \tag{1.10}$$

$$Mg_2KH(PO_4)_2 \cdot 15H_2O + K^+ + OH^- \longrightarrow 2MgKPO_4 \cdot 6H_2O + 4H_2O \tag{1.11}$$

Neiman 等[88]认为 MgO 与 $NH_4H_2PO_4$ 结合生成了多分子化合物 $(MgNH_4PO_4 \cdot 6H_2O)_n$,分子化合物之间形成链状环($-O-P-O-Mg-O-P-$),通过氢键的作用,形成胶凝体,附着于未反应的氧化镁颗粒表面,形成磷酸镁水泥。

Sugama 等[89]认为磷酸镁水泥的水化反应机理与波特兰水泥相似,反应初期 Mg^{2+} 与—OH 和—ONH_4 基团带负电的 O 原子发生反应,形成胶凝体产物,如六水磷酸铵镁、四水磷酸氢镁、三水磷酸氢镁和少量的氢氧化镁。

Abdelrazig 等[90]通过研究发现磷酸镁水泥发生反应时,先生成了中间产物 $(NH_4)_2Mg(HPO_4)_2 \cdot 4H_2O$,之后转化为针状 $Mg_3(PO_4)_2 \cdot 4H_2O$ 晶体,而水化产

物中所含 $MgNH_4PO_4 \cdot H_2O$ 极少。

Andrade 等[91]通过研究发现鸟粪石的结晶度控制着水化反应的进行,水化产物生成后,附着于氧化镁颗粒表面,渐渐向其内部入侵,而氧化镁的不断溶解使得溶液 pH 值持续上升,当 pH 值大于 7 时,水化产物以晶体形式析出,并渐渐变为网状结构。

综上所述,对于由重烧氧化镁和磷酸二氢钾制备的磷酸镁水泥而言,水化产物 $MgKPO_4 \cdot 6H_2O$ 是关键所在,因为 $MgKPO_4 \cdot 6H_2O$ 是磷酸镁水泥力学性能的主要承担者,不论中间水化反应生成了哪些中间产物,最终的 $MgKPO_4 \cdot 6H_2O$ 才是磷酸镁水泥性能的根本影响因素。所以对于磷酸镁水泥制备时的配合比,应该以怎样更利于 $MgKPO_4 \cdot 6H_2O$ 的产生为基本准则,且以通过初始反应环境和养护环境的调节,更利于水化产物 $MgKPO_4 \cdot 6H_2O$ 融合和形成致密微观结构为重点。

第三节　磷酸镁水泥的粘结

针对磷酸镁水泥粘结性能的研究,众多学者目前主要研究成果如下。范英儒等[18]研究了不同磷酸盐对磷酸镁水泥粘结性能的影响,通过试验发现由磷酸二氢铵制备的磷酸镁水泥放热量大,早期强度高,但是孔隙率略大,由磷酸二氢钾制备的磷酸镁水泥收缩较快,将两种盐复掺后,各龄期的抗弯拉和斜剪粘结强度比单掺的高 40% 以上。杨楠[23]通过试验研究发现,养护温度或湿度过高都不利于发挥磷酸镁水泥砂浆的粘结性能,自然养护条件下粘结强度最高,且磷酸镁水泥砂浆的粘结强度与修复混凝土的强度有关,混凝土强度越高,粘结强度越大。范英儒等[46]分别研究了自由状态和约束状态下磷酸镁水泥材料的粘结性能,通过试验发现自由状态下,磷酸镁水泥材料具有优异的抗弯拉粘结性能,水泥的配合比是影响粘结性能的决定性因素;在约束修复状态下,进行磷酸镁水泥、普通硅酸盐水泥和硫铝酸盐水泥粘结性能的比较,通过试验发现磷酸镁水泥粘结性能远高于另外两种修复材料,还发现磷酸镁水泥的微膨胀现象对于修复具有非常优良的作用。Yang 等[53]研究了旧混凝土表面润湿度和养护条件对磷酸镁水泥材料的粘结强度影响,发现修复前润湿混凝土表面和养护湿度较高均会使磷酸镁水泥粘结强度下降,所以应用磷酸镁水泥进行修复时,自然养护即可。Qiao 等[92]通过修复试验发现,磷酸镁水泥砂浆与旧混凝土之间的粘结强度优于普通硅酸盐混凝土与旧混凝土之间的粘结强度,抗弯拉粘结强度高77%～120%,拉拔粘结强度高85%～180%。而且通过体积稳定性测试发现,磷酸镁水泥砂浆的干燥收缩比普通硅酸盐水泥砂浆的干燥收缩小。Li 等[93]对磷酸镁水泥砂浆进行了试验研究,以磷酸一氢钾取代磷酸二氢钾,制成的水泥力学性能和工作性更平衡,在水泥中加入5%的废橡胶提高了耐水性,降低了脆性,通过试验发现磷酸镁水泥砂浆比普通混凝土具有更好的干燥收缩性能,且具有较高的粘结强度和优良的耐磨性能。El-Jazairi 等[94]配制了凝结时间为15min,1h 龄期产生较高强度的磷酸镁水泥砂浆,通过试验发现其具有较好的体积稳定性,热膨胀系数与普通砂浆和混凝土相近,且测试出用其修复后粘结界面具有较高的粘结强度。Formosa 等[95]应用 LG-MgO 配制了磷酸镁水泥,通过与普通硅酸盐水泥砂浆进行粘结试验发现,断裂时为粘附断裂,进行电镜试验(SEM)观测发现磷酸镁水泥砂浆在与普通硅酸盐水泥砂浆进行粘结时,能够渗入普通硅酸盐水泥砂浆中,这对于修复来说是一种非常好的现象。苏柳铭等[96]研究了在磷酸镁水泥砂浆中加入粉煤灰为何会提高其与普通硅酸盐水泥砂浆的粘结强度,发现是通过粉煤灰的微集料效应、滚珠作用和提高密实度三重功效实现的。Momayez 等[97]通过4种试验方法研究修复材料的粘结强度,最终发现不同试验得出的粘结强度结果相差较大,故针对实际应用,选择粘结强度试验方法是非常重要的。Li 等[98]通过试验研究了磷酸镁水泥材料与普通硅酸盐水泥之间的抗弯拉粘结强度,得出1h 龄期粘结强度为2.3MPa,1d 龄期粘结强度可达到4.1MPa,说明磷酸镁水泥材料具有较好的早期粘结性能。李涛等[99]通过在磷酸镁水泥中加入粉煤灰和石灰石粉提高了磷酸镁水泥的抗弯拉粘结强度和体积稳定性。

综上所述,磷酸镁水泥材料具有优于普通硅酸盐水泥的粘结强度,这是多种因素共同作用的结果。优良的抗弯拉强度和抗压强度是基础,较好的体积稳定性是保证,同时,良好的耐久性、初期微膨胀效应和渗入旧混凝土的现象对于磷酸镁水泥材料的粘结强度也有重要的作用。所以将磷酸镁水泥材料应用于西北地区机场道面快速修复工程是可行的,且对其进行研究也是非常有必要的。

第四节　磷酸镁水泥性能研究存在的问题

磷酸镁水泥是一种较新型的热门材料,很多学者都对其性能进行了研究。目前研究中普遍存在的问题主要有以下几点：

(1)材料差异引起的水泥基材料性能差异。

从磷酸镁水泥制备的影响因素来看，很多因素都会影响磷酸镁水泥的性能，所以这也造成各个学者研究的磷酸镁水泥存在很多不同的最优配合比现象。单从原材料重烧氧化镁来说，不同地区的菱镁矿所含元素不同，不同温度煅烧的氧化镁活性不同，以及不同的煅烧步骤都会使最终试验所用重烧氧化镁的性能有差异。所以对于磷酸镁水泥，特别是对于磷酸镁水泥净浆、砂浆、混凝土最优配合比的研究而言，整体性研究是非常关键的，只有在整体性研究的前提下，各影响因素之间的交互作用才有意义。

(2)水泥基材料工作性较差。

由于磷酸镁水泥力学性能的影响因素较多，为了得到最好的力学性能，避免磷酸镁水泥凝结时间短，工作性不足，不能适用于机场道面修复工程，故需从材料配合比上优选适用于机场工程的水泥基材料性能。同时，水泥基材料的水化放热是影响其工作性的重要因素，需结合考虑。

(3)对磷酸镁水泥化学收缩的研究较少。

目前对于磷酸镁水泥材料干燥收缩研究较多，但对于体积变化的根源——水泥的化学收缩研究较少，特别是低温/负温环境下材料配合比对化学收缩的影响。

(4)对磷酸镁水泥低温/负温性能的研究较少。

磷酸镁水泥具有极高的温度敏感性。原材料相同，配合比相同的条件下，如果试验环境温度不同，材料温度不同，养护温度不同，制备出的磷酸镁水泥性能均会有较大差异，而目前针对水泥从制备到养护各个阶段的温度对其性能的影响研究较少。众多文章都提到磷酸镁水泥在低温下仍能发生水化反应使水泥硬化，但是都未系统地针对低温环境对磷酸镁水泥性能的影响进行较为全面的研究。

(5)对磷酸镁水泥混凝土粘结性能的评价方法单一。

目前对磷酸镁水泥粘结性能的评价研究主要采用拉拔、劈裂试验。粘结界面受力方式不同，粘结强度评价也有一定差异，故应根据机场道面的特点，对粘结界面进行直剪试验，以对剪应力作用下的粘结界面进行评价。同时，除了一次性荷载试验外，还应进行粘结疲劳试验，对其粘结效果进行综合评价。

(6)对修复工程中粘结界面不同阶段的应力分析较少。

目前对磷酸镁水泥水化过程中各粘结界面的应力分析研究较少,且对修复工程水化反应完成后环境降温对粘结界面的应力影响需进行一定研究,才可对修复工程的材料选择及完成后的道面维护提出指导建议。

第五节　本书主要研究内容

将新型胶凝材料磷酸镁水泥引入机场混凝土道面的快速修复工程中,利用磷酸镁水泥快凝、快硬、体积稳定性好、低温可水化等特点,实现 4~6h 内机场道面不停航施工修复,且针对西北地区冬季温度低、昼夜温差大等环境气候条件,通过对磷酸镁水泥配合比的调整以及养护等手段,使其能在低温条件下完成修复工程。这个过程的主要研究内容如下。

一、高强低收缩修复胶凝材料组成优化设计

1. 常温磷酸镁水泥净浆最优配合比研究

由于制备磷酸镁水泥时影响因素众多,故需对常温磷酸镁水泥净浆最优配合比进行试验研究。通过比较不同配合比下的凝结时间、强度等因素以及磷酸镁水泥在不同配合比下的水化放热情况和微观结构,优选出能够满足机场道面修复要求的磷酸镁水泥净浆常温配合比,并对普通硅酸盐水泥和最优配合比下的磷酸镁水泥化学收缩进行试验比较。

2. 常温磷酸镁水泥砂浆最优配合比研究

针对道面板的裂缝修复和小面积修复工程,对常温条件下的不同配合比磷酸镁水泥砂浆进行流动度试验和强度试验研究,分析各影响因素对砂浆性能的影响,并得出常温下性能最优的磷酸镁水泥砂浆配合比。

二、低温/负温环境下磷酸镁水泥水化特性及强度形成机制

1. 磷酸镁水泥净浆温度敏感性研究

对相同配合比下不同环境温度的磷酸镁水泥性能进行研究,通过凝结时间试验、强度试验、水化温度试验、X 射线衍射试验和电镜试验,了解温度对磷酸镁水泥

性能的影响并分析造成影响的原因。

2.磷酸镁水泥净浆低温性能研究

将温度低于5℃这个冬季施工分界点的环境定为低温环境,通过强度试验、X射线衍射试验和电镜试验,研究和分析此时磷酸镁水泥配合比对强度的影响以及造成影响的原因。通过水化温度试验和化学收缩试验研究低温下不同配合比对磷酸镁水泥水化温度和化学收缩的影响。

3.磷酸镁水泥净浆负温性能研究

在－10~0℃这一区间,通过强度试验、X射线衍射试验和电镜试验,研究和分析此时磷酸镁水泥配合比对强度的影响以及造成影响的原因。通过水化温度试验和化学收缩试验研究负温下不同配合比对磷酸镁水泥水化温度和化学收缩的影响。

三、低温/负温环境下磷酸镁水泥混凝土组成设计与抗冻耐久性研究

通过不同配合比条件下的抗压试验、抗弯拉试验、冻融试验,优选出适用于低温/负温环境下机场道面快速修复的磷酸镁水泥混凝土配合比。

四、磷酸镁水泥混凝土粘结性能研究

通过新旧混凝土复合试件的劈裂抗拉试验、直剪试验以及疲劳试验,研究磷酸镁水泥混凝土的粘结性能。

五、磷酸镁水泥混凝土修复仿真研究

通过 Abaqus 软件建立混凝土道面板修复模型,针对磷酸镁水泥混凝土水化过程对粘结界面的影响进行模拟研究,并对环境温度降低对粘结界面的影响进行了仿真计算研究。

第二章
磷酸镁水泥常温配合比研究

作为一种新型胶凝材料,磷酸镁水泥因其优良的性能而越来越频繁地出现在科研工作者的视野中,但是制备原材料的差异性,使磷酸镁水泥的性能存在较大差异。为了使磷酸镁水泥能够应用于机场道面快速修复工程,本章通过试验选取工作性和力学性能都能满足机场道面快速修复工程要求的磷酸镁水泥最优配合比,并对根据最优配合比制成的磷酸镁水泥性能进行了较为全面的研究,作为后续章节研究的基础。

第一节　磷酸镁水泥的制备

一、原材料

1. 氧化镁

氧化镁作为镁的一种氧化物,以离子化合物的形式存在。氧化镁都是用菱镁矿石经过煅烧得到的,根据煅烧温度的不同,可将其分为轻烧氧化镁和重烧氧化镁两种。轻烧氧化镁的煅烧温度一般为 $700 \sim 1000℃$,应用较为广泛,涉及建材、化工等领域。轻烧氧化镁质地疏松、化学活性较高,在制备磷酸镁水泥时,会使磷酸镁水泥早期反应剧烈,凝结时间过短,工作性差,造成水泥后期强度低的问题。重烧氧化镁也可称为死烧氧化镁,煅烧温度一般为 $1500 \sim 2000℃$,在高温煅烧时,CO_2 完全逸出,形成方镁石(periclase)致密块体,高温煅烧使得 MgO 的活性降低,由其制备的磷酸镁水泥,能有效延缓水化反应的时间,降低初期反应的剧烈程度,再加入缓凝剂能够使得磷酸镁水泥具有较好的工作性和较高的后期强度。

本书试验所用为重烧氧化镁(MgO),简写为 M。由菱镁矿($MgCO_3$)在工业窑炉1800℃以上高温煅烧,后经破碎研磨成200目粉末,其颜色为淡黄色。重烧氧化镁的化学成分如表2.1所示。图2.1为试验所用重烧氧化镁,图2.2为重烧氧化镁 X 射线衍射图。

重烧氧化镁化学成分表 表2.1

氧化物	MgO	SiO_2	Al_2O_3	Fe_2O_3	CaO	其他
含量(%)	91.5	4.6	0.5	0.6	2.4	0.4

图2.1 重烧氧化镁

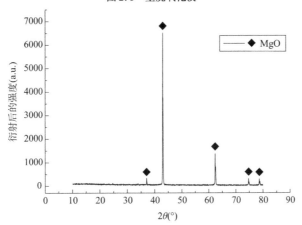

图2.2 重烧氧化镁 X 射线衍射图谱

注:θ 为 X 射线的入射角。

根据《公路工程水泥及水泥混凝土试验规程》(JTG 3420—2020),进行重烧氧化镁密度测试,如图2.3所示。

(1)仪器设备:李氏瓶、恒温水槽、天平、温度计(分度值≤0.1℃)、滤纸。

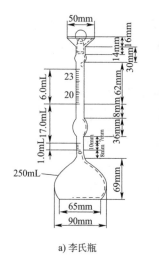

a) 李氏瓶   b) 试验图

图2.3 重烧氧化镁密度测试

（2）密度计算：

$$\rho = 1000 \times \frac{P}{V} \qquad (2.1)$$

式中：ρ——氧化镁密度，kg/m^3；

    P——装入密度瓶的氧化镁质量，g；

    V——氧化镁排出的液体体积，即李氏瓶两次的读数差，cm^3。

通过试验测得 $P = 66.78g$，$V = V_1 - V_2 = 20.86 - 0.32 = 20.54（mL）$，故此批重烧氧化镁的密度为

$$\rho = 1000 \times 66.78 \div 20.54 = 3.25（kg/m^3） \qquad (2.2)$$

故氧化镁密度为 $3.25kg/m^3$。

2. 磷酸盐

磷酸盐种类繁多，且不同磷酸盐对磷酸镁水泥的各种性能有不同影响。目前用于制备磷酸镁水泥的磷酸盐主要有三种：磷酸二氢铵（$NH_4H_2PO_4$）、磷酸二氢钠（NaH_2PO_4）和磷酸二氢钾（KH_2PO_4）。磷酸二氢铵在磷酸镁水泥制备初期应用较为广泛，其特点是制备的水泥早期水化反应迅速，凝结时间短，早期强度高，后期强度也是三种磷酸盐制备的水泥中最高的，但是由于其在加入缓凝剂后仍未有良好的工作性，反应中会释放有毒气体氨气，且耐水性较差，故本书试验不予采用；磷酸二氢钠目前主要作为掺加剂加入磷酸二氢钾或磷酸二氢铵中研究其对磷酸镁水泥

性能的影响,不是主要反应材料,故本书也未采用;磷酸二氢钾作为磷酸盐制备磷酸镁水泥时,相比于磷酸二氢铵,能够延长凝结时间,而用其制备的水泥早期强度和后期强度虽略低于铵盐,但仍能符合道面抢修的要求,故本书试验材料选用磷酸二氢钾为磷酸镁水泥制备中的磷酸盐。

本书试验所用磷酸二氢钾,简写为 P。磷酸二氢钾为白色晶体粉末,如图 2.4 所示。净浆试验所用为分析纯磷酸二氢钾,含量为 99.9%。混凝土试验所用为工业级磷酸二氢钾,含量为 99%。

3. 缓凝剂

磷酸镁水泥的制备反应是一种酸碱中和放热反应,反应中放出大量的热,放出的热量又会进一步促进水化反应的进行,从而导致水泥凝结时间缩短,影响水泥的后期强度。因此,为了延长磷酸镁水泥的凝结时间,提高其工作性,缓凝剂的掺入是非常必要的。经过试验发现,对于磷酸镁水泥缓凝有一定作用的缓凝剂主要有三种:硼砂($Na_2B_4O_7 \cdot 10H_2O$)、硼酸(H_3BO_3)和三聚磷酸钠($Na_5P_3O_{10}$)。其中效果较好的为硼砂,故本书选用硼砂作为磷酸镁水泥的缓凝剂。

硼砂(简写为 B)为白色晶体粉末,易溶于水,如图 2.5 所示。本书试验所用为分析纯硼砂($Na_2B_4O_7 \cdot 10H_2O$),含量为 99.9%。由于在磷酸镁水泥的制备过程中,硼砂缓凝机理为包裹氧化镁以延缓水化反应,故硼砂掺量可表示为氧化镁的百分数。

图 2.4　磷酸二氢钾　　　　　　　　图 2.5　硼砂

二、磷酸镁水泥水化机理

磷酸镁水泥水化反应较为复杂,随着镁磷比(MgO 与 KH_2PO_4 的质量比)的不同,磷酸镁水泥的水化产物也会发生变化,当 M/P < 0.64 时,反应的水化产物为

$MgHPO_4 \cdot 3H_2O$;当 $0.64 < M/P < 0.67$ 时,反应的水化产物为 $MgHPO_4 \cdot 3H_2O$ 和 $Mg_2KH(PO_4)_2 \cdot 15H_2O$;当 $0.671 < M/P < 1$ 时,水化产物为 $Mg_2KH(PO_4)_2 \cdot 15H_2O$ 和 $MgKPO_4 \cdot 6H_2O$;而当 $M/P > 1$ 时,水化产物为 $MgKPO_4 \cdot 6H_2O$,且氧化镁反应不完全。就力学性能而言,所有水化产物中 $MgKPO_4 \cdot 6H_2O$ 的性能最好,故 $M/P > 1$ 是必要的。许多研究已经证明,在水灰比一定的情况下,$3 < M/P < 6$ 时,磷酸镁水泥的最终强度将会达到最高;当 $M/P < 3$ 或 $M/P > 6$ 时,最终强度有所下降。所以为了使磷酸镁水泥具有最优的力学强度,水化反应应该尽量生成 $MgKPO_4 \cdot 6H_2O$,而未反应的重烧氧化镁则填充其孔隙,形成致密高强度体系[100]。目前关于生成 $MgKPO_4 \cdot 6H_2O$ 的水化反应仍存在争议,不过受大多数学者认可的水化反应体系如下:

$$MgO + H_2O \longrightarrow MgOH^+ + OH^- \tag{2.3}$$

$$MgOH^+ + 2H_2O \longrightarrow Mg(OH)_2 + H_3O^+ \tag{2.4}$$

$$Mg(OH)_2 \longrightarrow Mg^{2+} + 2OH^- \tag{2.5}$$

$$Mg^{2+} + 6H_2O \longrightarrow Mg(H_2O)_6^{2+} \tag{2.6}$$

$$Mg(H_2O)_6^{2+} + K^+ + PO_4^{3-} \longrightarrow MgKPO_4 \cdot 6H_2O \tag{2.7}$$

凝结时间对于胶凝材料来说是一个非常重要的指标,直接决定了胶凝材料应用的广泛性。硼砂作为缓凝剂掺入可以使得磷酸镁水泥具有更好的工作性,但也正是因为掺入硼砂,磷酸镁水泥的水化产物变得更加复杂。经过研究,发现硼砂的掺入有利于中间产物 $MgHPO_4 \cdot 3H_2O$ 和 $Mg_2KH(PO_4)_2 \cdot 15H_2O$ 的生成[32],故从水化反应的角度来看,对于磷酸镁水泥,硼砂的掺量也有一个最优值。

三、缓凝机理

磷酸镁水泥的制备是由氧化镁和磷酸二氢钾的反应完成的,此反应的特点是反应速度快,放热量大。轻烧氧化镁中活性成分较多,所以反应较为剧烈,而重烧氧化镁由于煅烧温度高、活性成分少,可以有效起到缓凝的作用。故选择重烧氧化镁,但是仅仅对氧化镁材料进行控制,缓凝效果是不够的,更重要的是缓凝剂的添加,本书所用缓凝剂为硼砂。根据目前的研究,硼砂对于磷酸镁水泥制备反应的缓凝机理基本可以归纳为两个方面:一是隔离缓凝,即硼砂溶于磷酸盐溶液后,反应生成了一种暂时性物质,对氧化镁颗粒形成包裹,抑制了氧化镁在溶液中的溶解,直至随着反应的进行,大量磷酸根离子入侵这层包裹物质内部,生成更多的水化产物,最终使得包裹层破裂,反应继续进行;二是 pH 值缓凝,即硼砂作为一种强碱弱酸盐,在掺入溶液过程中,会使得溶液 pH 值提高,进而导致溶液中的氧化镁溶解受到抑制。

第二节　水泥净浆常温配合比研究

磷酸镁水泥是目前的新型快硬胶凝材料,众多学者都对其进行了大量的材料配合比试验研究。用不同的材料配合比制备磷酸镁水泥,会使得水泥性能存在较大的差异。故众多文献中,所提出的制备磷酸镁水泥的最佳材料配合比也存在较大差异,仅以 M/P 为例,最佳配合比从 2~71 都在文献中出现过,因为当磷酸镁水泥用途不同时,所需性能和要求的差异,也会导致对最佳配合比的评定不同。所以本节通过对磷酸镁水泥净浆常温性能进行较为系统的研究,筛选出适用于常温条件下机场道面快速修复的最佳磷酸镁水泥配合比。

一、磷酸镁水泥凝结时间

凝结时间作为水泥的一项重要指标,会直接影响水泥的工作性,故本节主要研究常温条件下磷酸镁水泥净浆配合比对其凝结时间的影响。水泥从加水开始,随着时间延长,水泥浆体的流动性会逐渐减小,直至失去可塑性,最终凝固成具有一定强度的硬化形态,这一发展过程可称为水泥的凝结和硬化。凝结通常分为初凝和终凝两部分,其中,水泥从加水直至开始失去可塑性的时间,称为初凝时间;而终凝时间指的是从水泥加水直至水泥浆完全失去可塑性并开始产生一定强度所需的时间。水泥的凝结时间过短,从施工方面来讲,将会出现拌和的水泥浆或混凝土来不及浇筑就硬化,失去可塑性和流动性的情况,影响工程的顺利进行;从性能方面来讲,会使得水泥或混凝土没有时间振捣密实,反应中产生的气泡存在于硬化材料中,形成大量孔隙,导致水泥或混凝土的力学性能下降。水泥凝结时间过长,从施工方面来讲,会导致脱模时间延长,影响工程进度,降低工程效率;从性能方面来讲,又会使得水泥或混凝土强度生成较慢,早期强度相对较低,特别是对于快速修复工程来说,水泥或混凝土的早期强度高低是决定道面能否恢复使用、能否通勤的重要指标。

磷酸镁水泥是一种反应特别迅速的胶凝材料,过快的硬化一直是制约其广泛应用的重要因素。目前对机场道面不停航修复的时间要求是 4h,因此需要根据常温条件下机场道面修复的磷酸镁水泥凝结时间,优选出磷酸镁水泥的配合比。影响磷酸镁水泥凝结时间的因素有很多,本小节主要研究缓凝剂掺量、镁磷比、水灰比等因素。

本小节根据《公路工程水泥及水泥混凝土试验规程》(JTG 3420—2020)进行水泥净浆凝结时间试验,测定缓凝剂掺量、镁磷比、水灰比对磷酸镁水泥凝结时间的影响。

仪器设备:Terchy-MHK-1000LK 环境箱(图 2.6)、水泥净浆搅拌机、维卡仪。

试验方法:磷酸镁水泥的特点是反应迅速,放热量大,且受温度影响较大,为了排除温度这一影响因素,除了搅拌过程,其余试验步骤均在环境箱中完成,环境箱设置温度为 20℃ 恒温条件,湿度模拟自然环境设定为 60%。试验前,先将重烧氧化镁、磷酸二氢钾、硼砂以及试验用水放置在 20℃ 环境箱中 24h。为了使材料反应完全,首先将称量好

图 2.6　Terchy-MHK-1000LK 环境箱

的磷酸二氢钾、硼砂与水混合,搅拌均匀,然后倒入称量好的重烧氧化镁,并在重烧氧化镁倒入时开始计时,由于磷酸镁水泥凝结较快,初凝时间和终凝时间相差不大,故可以将磷酸镁水泥初凝时间定义为磷酸镁水泥的凝结时间,即将磷酸镁水泥的凝结时间规定为将重烧氧化镁混入溶液中直至磷酸镁水泥初凝的时间。搅拌时先低速搅拌 30s,材料充分混合后,再高速搅拌 120s,然后倒入维卡仪试模中,放入环境箱中测量,初凝测量按规范进行。

1. 缓凝剂掺量对磷酸镁水泥凝结时间的影响

缓凝剂掺量对磷酸镁水泥的凝结时间具有重要影响。硼砂作为对磷酸镁水泥有较好缓凝效果的缓凝剂,应用较为广泛。在一定范围内,硼砂掺量越大,水泥的凝结时间越长,水泥强度越低,所以在磷酸镁水泥的制备过程中,根据工程需求不同,存在最优硼砂掺量。在固定磷酸镁水泥配合比条件下,硼砂掺量对磷酸镁水泥凝结时间的影响如图 2.7 所示。

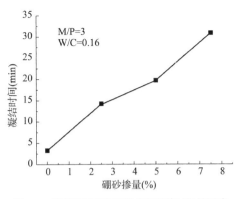

图 2.7　硼砂掺量对磷酸镁水泥凝结时间的影响

由图 2.7 可知,硼砂掺量对磷酸镁水泥凝结时间存在较大影响,且在硼砂掺量小于 7.5% 时基本呈线性增长,即硼砂掺量越大,凝结时间越长。未掺入硼砂时,水泥凝结时间为 3.27min,氧化镁和磷酸二氢钾快速反应,水泥强度快速生成,由于凝结时间过快,磷酸镁水泥不具有工作性;硼砂掺量为 2.5% 时,磷酸镁水泥凝结时间有较为明显的延长,达到了 14.25min;而硼砂掺量为 5% 时,磷酸镁水泥的初凝时间已经达到 19.75min,此时磷酸镁水泥已满足小规模修复工程的工作性要求;硼砂掺量增大到 7.5% 时,磷酸镁水泥的凝结时间为 30.88min。

2. 材料配合比对磷酸镁水泥凝结时间的影响

磷酸镁水泥制备中,除了缓凝剂之外,镁磷比和水灰比也会对水泥的凝结时间产生较大的影响。在本节试验中,固定硼砂掺量为 5%,测定水泥在不同镁磷比和水灰比时的凝结时间。根据众多学者的研究,磷酸镁水泥净浆水灰比在 0.11 ~ 0.20 之间,而通过试验发现,此规格的重烧氧化镁材料在水灰比小于 0.14 时,凝结时间过快,无法进行测试,故设定水灰比试验范围为 0.14 ~ 0.20。通过众多学者对镁磷比的研究发现,不同规格的重烧氧化镁,其最优镁磷比大多数都在 2 ~ 5 之间,故本书镁磷比试验范围设定为 2 ~ 5。试验结果如表 2.2 所示。

不同配合比条件下磷酸镁水泥凝结时间　　　　　　　　　表 2.2

序号	镁　磷　比	水　灰　比	硼砂掺量	凝结时间(min)
1	2	0.14	5%	8.17
2	2	0.16	5%	12.93
3	2	0.18	5%	17.53

续上表

序号	镁 磷 比	水 灰 比	硼 砂 掺 量	凝结时间(min)
4	2	0.20	5%	23.74
5	3	0.14	5%	13.67
6	3	0.16	5%	19.75
7	3	0.18	5%	21.22
8	3	0.20	5%	24.17
9	4	0.14	5%	13.50
10	4	0.16	5%	20.17
11	4	0.18	5%	23.43
12	4	0.20	5%	25.82
13	5	0.14	5%	11.75
14	5	0.16	5%	18.55
15	5	0.18	5%	23.49
16	5	0.20	5%	28.14

由图 2.8 可知,水灰比为 0.14 条件下,镁磷比为 3 时凝结时间最长为 13.67min;镁磷比为 4 时,与镁磷比为 3 相比凝结时间相差不大,略有下降;镁磷比为 2 和 5 时,凝结时间较短。水灰比为 0.16 条件下,镁磷比变化规律与水灰比为 0.14 条件下相似,镁磷比为 3 和 4 时凝结时间较长。水灰比为 0.18 条件下,凝结时间基本呈线性增长,镁磷比为 5 时相比于镁磷比为 4 时略有降低。水灰比为 0.20 条件下,水泥凝结时间在不同镁磷比下缓慢增长。所以相同镁磷比条件下,随着水灰比的增大,凝结时间均延长,这是因为水灰比小时,单位体积内水泥含量较多,颗粒分散距离小,使得单位体积内的水化产物增量大,所以水泥的水化产物在短时间内即可凝聚成网状结构,形成凝结。而水灰比大时,单位体积内水泥含量相对降低,水泥颗粒较为分散,所以水化产物需要更长时间才可形成凝聚体,从而形成凝结。而在不同水灰比条件下,镁磷比为 2 时,凝结时间普遍短于镁磷比为 3 时,这是因为镁磷比为 2 时,磷酸二氢钾含量较高,而重烧氧化镁中的活性成分含量是一定的,大量磷酸二氢钾分布在重烧氧化镁活性成分周围,使得更多的氧化镁活性成分在初期与之发生反应,反应放热又促进反应进行,故凝结时间缩短。而镁

磷比为5时,凝结时间较短则是因为此时重烧氧化镁含量较高,其中的氧化镁活性成分含量也较高,而大量的活性成分与磷酸二氢钾发生反应,则会使得初期水化产物增多,凝聚体成型较快,即会使得凝结时间缩短。故由图2.8可知,镁磷比为3和4时,重烧氧化镁中活性成分含量与磷酸二氢钾含量较为合适,反应能够持续进行,且反应速度不会过快,所以凝结时间较长。

由图2.9可知,镁磷比为2和5的条件下,随着水灰比的增大,水泥凝结时间基本呈线性增长。镁磷比为3和4的条件下,在水灰比为0.14~0.16时,两条凝结时间线基本重合,说明在这一范围内,磷酸镁水泥凝结时间基本相同,且都在水灰比为0.16处表现出了良好的工作性;当水灰比继续增大为0.18~0.20时,镁磷比为3的条件下凝结时间比镁磷比为4的条件下凝结时间短,说明随着水灰比的增大,镁磷比为4的条件下工作性提升更好。镁磷比为5的条件下,虽然低水灰比时凝结时间短于镁磷比为3和4的条件下的凝结时间,但是高水灰比时,其凝结时间最长。

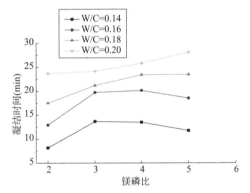

图2.8 磷酸镁水泥凝结时间与镁磷比的关系

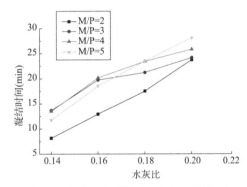

图2.9 磷酸镁水泥凝结时间与水灰比的关系

二、磷酸镁水泥抗压强度

水泥抗压强度是评价水泥质量非常重要的指标,对于机场道面快速修复工程而言,除了水泥后期强度以外,水泥的早期强度更是非常重要的,它直接决定了机场道面修复完成后的通航时间,也将直接转化为经济效益。为了得到磷酸镁水泥的最优配合比,本节较为系统地研究了磷酸镁水泥制备材料不同配合比交互作用下对水泥各个龄期抗压强度的影响,影响因素包括镁磷比、硼砂掺量、水灰比。为了排除温度对磷酸镁水泥抗压强度的影响,将水泥试样均放入环境箱中进行恒温养护。

图2.10 路面材料强度试验仪

试验设备:Terchy-MHK-1000LK环境箱、水泥净浆搅拌机、净浆试模(20mm×20mm×20mm)、路面材料强度试验仪(图2.10)。

试验方法:为了排除温度对试验的影响,将环境箱设置为20℃恒温条件,湿度保持为60%,模拟自然环境。试验前,先将试验材料和试验用水放置在环境箱中24h。水泥制备方法与测试凝结时间的水泥制备方法相同,将搅拌好的水泥倒入净浆试模,再放入环境箱中,为保证试件成型效果,2h后再进行脱模,由于在磷酸镁水泥的强度试验中测试水泥早期性能尤为重要,故分别于3h、1d、3d、7d、14d、28d龄期应用路面材料强度试验仪进行抗压强度测试。为保证试验数据准确,每组试验每个龄期测试3个试件,测试结果取平均值。

理论计算:磷酸镁水泥净浆抗压强度计算公式如下所示。

$$R_c = \frac{F_c}{A} \tag{2.8}$$

式中:R_c——抗压强度,MPa;

F_c——破坏荷载,N;

A——受压面积,20mm×20mm=400mm²。

1. 硼砂掺量对水泥抗压强度的影响

硼砂掺量对磷酸镁水泥性能影响很大,硼砂作为缓凝剂不仅对水泥凝结时间有影响,同时也会对水泥的抗压强度产生影响,特别是对早期抗压强度产生影响。为了确定不同硼砂掺量对水泥抗压强度的影响,固定镁磷比和水灰比,在硼砂掺量为0~7.5%的范围内进行试验,试验测得水泥抗压强度如图2.11所示。

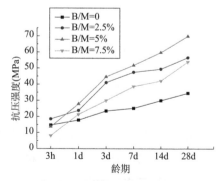

图2.11 磷酸镁水泥抗压强度
与硼砂掺量的关系

由图 2.11 可知,水泥龄期为 3h 时,硼砂掺量为 2.5% 的水泥抗压强度达到最高,为 18.54MPa,硼砂掺量为 0 时比为 5% 时的抗压强度略大一点,硼砂掺量为 7.5% 时的抗压强度最低。龄期为 1d 时,硼砂掺量为 5% 的水泥抗压强度最高,为 27.78MPa,硼砂掺量为 2.5% 的水泥抗压强度相比于之前增长减缓,但仍高于硼砂掺量为 7.5% 的水泥,此时硼砂掺量为 0 的水泥抗压强度最低。这是因为硼砂掺量为 0 时,没有缓凝剂的参与,水化反应特别迅速,快速高热反应的发生,使得水泥在极短时间内凝结形成强度,而这样过快的反应会使得水化产物形成团簇,使得后期的水化反应难以进行,且过快反应会造成水泥孔隙率大,致密性不好,这些都会影响水泥的后期强度,故不掺入硼砂时,磷酸镁水泥的后期强度较低。而 1d 龄期之后,硼砂掺量为 5% 的水泥抗压强度始终保持最高。

2. 材料配合比对磷酸镁水泥抗压强度的影响

硼砂掺量会对磷酸镁水泥的抗压强度产生一定影响,特别是对早期抗压强度影响较大,但是对于水泥抗压强度而言,材料配合比对其影响也非常关键。下面主要研究在固定硼砂掺量的条件下,镁磷比和水灰比交互作用对磷酸镁水泥抗压强度的影响,水泥制备配合比与上一节凝结时间测试范围相同,镁磷比为 2~5,硼砂掺量为 5%,水灰比为 0.14~0.20,试验结果如表 2.3 所示。

磷酸镁水泥净浆抗压强度　　　　　　　　　　表 2.3

序号	M/P	硼砂掺量	水灰比	抗压强度(MPa)					
				3h	1d	3d	7d	14d	28d
1	2	5%	0.14	18.23	34.33	41.58	43.25	44.84	45.17
2	2	5%	0.16	16.63	31.73	33.63	40.43	41.08	43.05
3	2	5%	0.18	13.58	27.41	29.46	33.16	35.81	36.23
4	2	5%	0.20	10.47	21.63	25.16	25.76	33.9	34.83
5	3	5%	0.14	15.73	29.58	41.2	46	51.38	56.18
6	3	5%	0.16	13.68	27.78	44.57	51.7	59.63	69.75
7	3	5%	0.18	9.25	24.85	39.25	40.63	47.43	50.4
8	3	5%	0.20	5.125	10.55	25	37.8	43.55	48.88
9	4	5%	0.14	7.25	19.05	40.33	45.25	58.2	58.05
10	4	5%	0.16	5.325	17.25	26.68	36.05	47	67.25

续上表

序号	M/P	硼砂掺量	水灰比	抗压强度（MPa）					
				3h	1d	3d	7d	14d	28d
11	4	5%	0.18	3.8	11.05	17.08	30.08	30.95	43.84
12	4	5%	0.20	1.375	9.6	13.6	14.2	16.3	29.13
13	5	5%	0.14	4.675	15.33	38.43	38.95	39.35	40.52
14	5	5%	0.16	4.175	16.9	19.73	23.95	27.63	37.93
15	5	5%	0.18	0.625	7.8	8.7	10.75	11.25	32.46
16	5	5%	0.20	0.34	4.85	7.19	9.43	10.03	26.81

　　以镁磷比为3、硼砂掺量为5%为例，观察水灰比增大对水泥抗压强度的影响。如图2.12所示，水灰比与水泥抗压强度的理论关系应该是，水灰比越大，抗压强度越低。这是因为决定水泥抗压强度的主要因素是水化产物和水泥的相对密实度。水灰比较小时，单位体积内水化产物凝聚体密集，即相较于高水灰比，水化产物间的孔径较小，所以强度较高，故水灰比为0.14和0.16时，水泥同龄期的抗压强度普遍高于水灰比为0.18和0.20时的抗压强度。但是从图2.12中可以看出在3h和1d龄期时，水灰比为0.14时的抗压强度最大，而在3d龄期以后水灰比为0.16时，水泥抗压强度增至最大，且后期强度一直保持最高。这种现象前面已经提到，决定水泥抗压强度的因素主要有两个，除了水化产物孔径以外，还有水化产物的生成量，而同一龄期下，水灰比越高，水泥的水化程度越高，这是因为水对水泥颗粒分离的程度不同，水灰比大时，能够为水泥水化提供更多的水，所以水化反应能够进行得较为完全，这种因素对于抗压强度的影响会随着龄期的延长，表现得更加明显。由于上述两种因素共同作用，故水灰比为0.14时，龄期为3h和1d抗压强度最大，而水灰比为0.16时，前期抗压强度次之，后期抗压强度最大。

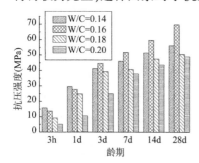

图2.12　水灰比对磷酸镁水泥抗压强度的影响

　　镁磷比为2和5时，均符合水灰比越大抗压强度越大的规律，而镁磷比为4，水灰比为0.16时，也出现了水泥后期抗压强度大于水灰比为0.14时的现象，产生这种现象的原因与镁磷比为

3 时基本相同。

　　为了更清楚地表现镁磷比和水泥抗压强度的关系,以硼砂掺量为 5%、水灰比为 0.16 条件为例,分析各个镁磷比时磷酸镁水泥的抗压强度关系,如图 2.13 所示。

　　从图 2.13 中可知,龄期为 3h 和 1d,不同镁磷比时,水泥的抗压强度随着镁磷比的增大而减小。这是因为当镁磷比小时,磷酸二氢钾在水泥中的含量高,而磷酸镁水泥的水化反应,主

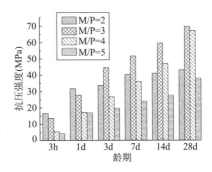

图 2.13　镁磷比对磷酸镁水泥抗压
　　　　　强度的影响

要是重烧氧化镁中的活性成分和磷酸二氢钾的反应,此时,由于磷酸二氢钾过量,所以反应体系中单位体积的磷酸二氢钾增多,与单位体积的重烧氧化镁中活性成分快速反应,形成水化产物凝聚体,故早期强度较高。而镁磷比大时,磷酸二氢钾在单位体积中的含量较少,与重烧氧化镁中活性成分反应生成的水化产物相对分散,凝聚体孔隙较大,故早期强度较低。而从图 2.13 中可以看到在水泥龄期 3 ~ 28d 时,镁磷比为 3 的水泥抗压强度超过镁磷比为 2 时的抗压强度,且变为最大,并一直保持增长,这是因为镁磷比为 2 时,早期水泥反应过快,水化反应放热量大,放出的热量又会加快水化反应的进行,使得水泥早期强度较高,但是大量放出的热量会导致体系中的自由水加速蒸发,使得凝聚体内部自由水的位置形成孔隙,而孔隙的出现会影响水泥的抗压强度。此外,自由水的散失又会影响水泥后期水化反应的进行,所以才会造成早期强度高,中后期强度提升缓慢的现象。而镁磷比为 3 时,配合比合适,在缓凝剂的作用下水化反应速度稳定,具有较高的早期强度和很高的后期强度。

三、磷酸镁水泥常温条件下最优配合比

　　前两节分别进行了不同硼砂掺量条件下凝结时间试验和抗压强度试验,通过试验发现,随着硼砂掺量的增大,磷酸镁水泥的凝结时间显著延长,但是抗压强度会随着硼砂掺量的增大而下降,特别是水泥的早期强度。试验得出硼砂掺量为 5% 时,3h 抗压强度为 13.68MPa,1d 抗压强度已经达到 27.78MPa,7d 抗压强度已经超过 50MPa,早期强度较高,后期强度最高,凝结时间为 19.75min,相比于其他硼

砂掺量,具有优良的力学性能和较好的工作性,适用于机场道面快速修复工程,故常温条件下硼砂的最优掺量为5%。

通过在不同镁磷比和水灰比条件下对水泥净浆凝结时间和抗压强度的测试,得出以下结论:随着水灰比增大,凝结时间延长,水泥抗压强度降低;随着镁磷比的增大,水泥的抗压强度下降,而在水灰比为0.16,镁磷比为3和4时具有较合适的凝结时间和较高的水泥抗压强度,其中镁磷比为4时,凝结时间较长为20.17min,后期强度能够在28d达到67.25MPa,但与镁磷比为3时相比,早期强度较低,所以当镁磷比为3,水灰比为0.16时,水泥具有较为优越的力学性能,且具有一定的工作性。综合以上两个因素,此配合比的磷酸镁水泥适用于机场道面修复工程。

综上所述,本书试验得出重烧氧化镁、磷酸二氢钾和硼砂混合制备磷酸镁水泥净浆的最优配合比:镁磷比为3,水灰比为0.16,硼砂掺量为5%。本书后面章节试验都以此配合比为基础进行磷酸镁水泥配制。

四、磷酸镁水泥净浆常温水化热试验研究

对于普通硅酸盐水泥而言,水泥的水化指的是水泥熟料、水和石膏在混合后发生的一系列叠加化学反应,水化热则是水化反应进行过程中放出的热量。而对于磷酸镁水泥而言,其水化反应是指氧化镁和磷酸二氢钾与水混合后发生的酸碱中和反应,这是一个放热量高的反应,而在工程应用中,放热量高的水泥由于内外存在温度差,容易出现开裂现象,故不论是为了了解其水化过程还是改善其工程应用,对于磷酸镁水泥的水化放热研究都是必不可少的。上节研究了镁磷比、硼砂掺量、水灰比对凝结时间和抗压强度的影响,本节选取其中水泥性能较为优良的配合比,研究不同配合比对磷酸镁水泥水化放热的影响[101-113]。

1. 试验设备

PTS-12S数字式水泥水化热测量系统(图2.14)、水泥净浆搅拌机、Terchy-MHK-1000LK环境箱、电子秤。

2. 试验方法

本书采用《水泥水化热测定方法》(GB/T 12959—2008)中的直接法进行试验,首先对水化热测量系统进行标定,分别通过称量热量计(其组成部分由外到内包括保温瓶、软木塞、塑料截锥桶、塑料截锥桶盖、一次性衬桶、铜套管以及密封蜡)各部

分的质量,计算热量计热容量 C,单位为 J/℃,然后按照规范中的散热常数试验,通过测量的温度变化值,计算热量计散热常数 K,单位为 J/(h·℃)。

a) 高低温等温量热仪   b) 热量计装置

图 2.14 PTS-12S 数字式水泥水化热测量系统

试验前,为避免材料初始温度产生误差,首先将材料放入 20℃ 环境箱中 24h,同时打开恒温水槽,将温度调节为 20℃,使恒温水槽保持 20℃ 恒温。然后开始磷酸镁水泥的制备工作,将水泥净浆搅拌机中搅拌均匀(搅拌方法同上节所述)的磷酸镁水泥倒入一次性衬桶中,为了方便计算,称量水泥质量为 100g,然后组装热量计,最后用蜡将热量计塑封,防止进水。由于磷酸镁水泥前期反应迅速,故从将装有温度计的铜套管插入水泥时,开始采集数据,蜡封完成后,将保温瓶放入恒温水槽中。由试验测出水泥不同时间内的温度值,得到水泥温度和时间的关系。

最后进行水化热与放热速率的计算,计算步骤如下所示:

(1)计算热量计总热容量 C_P。

$$C_P = 0.84 \times (G - M) + 4.1816 \times M + C \qquad (2.9)$$

式中:C_P——热量计的总热容量,J/℃;

    G——试验用水泥质量,g;

    M——试验中用水量,mL;

    C——热量计的热容量,J/℃。

(2)依据试验得到的时间和温度关系,计算水泥水化放出的总热量 Q_x,Q_x 的值为热量计中蓄积和散失到环境中的热量总和,如式(2.10)所示。

$$Q_x = C_P(t_x - t_0) + K \sum F_{0\sim x} \qquad (2.10)$$

式中:Q_x——某个龄期水泥水化放出的总热量,J;

    t_x——龄期为 x 小时的水泥温度,℃;

t_0——水泥初始温度,℃;

K——热量计的散热常数,J/(h·℃);

$\sum F_{0 \sim x}$——在 $0 \sim x$ 小时水槽温度恒温线和水泥温度曲线间的面积,h·℃。

3. 试验结果及分析

由磷酸镁水泥常温条件下最优配合比,可得抗压强度和凝结时间都较好的 4 种配合比,用以进行常温水化热试验,研究水泥水化热对抗压强度和凝结时间的影响。配合比如下:镁磷比为 3,水灰比为 0.14,硼砂掺量为 5%;镁磷比为 3,水灰比为 0.16,硼砂掺量为 5%;镁磷比为 4,水灰比为 0.14,硼砂掺量为 5%;镁磷比为 4,水灰比为 0.16,硼砂掺量为 5%。通过常温下的水化热试验,得出不同配合比下磷酸镁水泥 7d 龄期的水化温度曲线如图 2.15 所示。

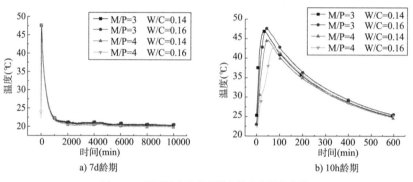

a) 7d龄期   b) 10h龄期

图 2.15　不同配合比磷酸镁水泥水化温度曲线

由图 2.15 可知,随着水化反应的进行,4 种配合比的磷酸镁水泥温度在前期都有一个明显的快速增长阶段,但是不同配合比下,增长趋势略有不同。其中镁磷比为 3,水灰比为 0.14 时,磷酸镁水泥温度上升速率最大,且在 32min 时达到温度峰值 46.99℃,说明该配合比下,水泥早期水化反应最迅速,故其凝结时间为 4 种配合比中最短的 13.67min,而早期强度为最高的 56.18MPa,因为温度上升速率快,所以初期温度高于其他配合比的磷酸镁水泥,这会促进其早期水化反应的发生。当镁磷比为 3,水灰比为 0.16 时,可以明显看到相比于水灰比为 0.14 时,水泥温度上升速率减小,说明水化反应速率减小,水泥温度峰值后移至 42min,温度峰值达到 47.58℃,故可知水灰比增大,对水泥早期的水化反应速率具有一定的延缓作用,而对水化反应的发生有一定的促进作用。而图 2.15 中镁磷比为 4,水灰比为 0.14 时,水泥温度变化速率明显较镁磷比为 3 时小,温度峰值降低为 44.58℃,且峰值出现的时间延后为47min,说明磷镁比变大后水泥水化反应速率减小,且水泥水化温度峰值降低,这种现象反映到宏观试验结果,即为早期强度减小,凝结时间延长。镁磷比为4,水灰比为0.16时,水泥水化温度变化速率最小,且水泥温度峰值也为四个配合比中最低的42.79℃,时间为72min,且在图2.15中可明显看出水化反应在前期有延缓趋势,所以其凝结时间最长,早期强度最低。

由图2.15可知,水泥的水化反应在2400min后基本不会再造成温度升高,测量的水泥温度保持在20℃左右,故水化放热量只计算2400min以前,2400min以后无实际意义,不同配合比条件下的磷酸镁水泥水化放热量计算结果如图2.16所示。

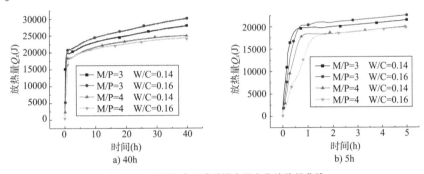

a) 40h　　　　　　　　b) 5h

图2.16　不同配合比磷酸镁水泥水化放热量曲线

由图2.16a)可知,常温条件下,硼砂掺量相同时,M/P = 3,水灰比为0.16时,水泥的累积放热量最大;M/P = 4,水灰比为0.16时,水泥的累积放热量最小。不同水灰比条件下,M/P = 3时水泥的累积放热量均高于M/P = 4时,说明此时镁磷比对水泥累积放热量的影响较大,而水灰比对水泥累积放热量的影响相对较小,在一定区间内,镁磷比越小,水泥累积放热量越大,水灰比越大,水泥累积放热量越大。图2.16b)中为不同配合比条件下磷酸镁水泥初期水化放热量曲线。从图中曲线斜率可以看出,当M/P = 3,水灰比为0.14时,早期反应放热速率最大;当M/P = 4,水灰比为0.16时,早期反应放热速率最小。且不同水灰比条件下,M/P = 3时水泥早期放热速率均大于M/P = 4时,说明此时镁磷比对水泥放热速率的影响大于水灰比对水泥放热速率的影响。在镁磷比相同时,水灰比为0.16的水泥放热速率小于水灰比为0.14的水泥,所以水灰比的增大,会对水泥早期水化有一定的延缓作用。

通过以上试验得出了水泥配合比对水泥累积放热量和早期水化速率的影响,

在一定区间内,镁磷比越大,水泥累积放热量越小,水灰比越大,水泥累积放热量越大;镁磷比越大,水泥早期水化速率越小,水灰比越大,水泥早期水化速率越小。所以应该根据工程需求,合理调控水泥配合比,调节水泥水化放热。

五、磷酸镁水泥化学收缩研究

随着科技的发展和不同工程建设的新需求不断出现,混凝土快速发展,水泥的种类越来越多,对于水胶比低,强度高,掺入矿物掺合料作外加剂的高性能水泥来说,化学收缩在整体收缩变形中占据的比例是非常大的,且为早期高强水泥开裂的重要因素。而磷酸镁水泥就是早期高强水泥中的一种,所以对于磷酸镁水泥化学收缩的研究是了解磷酸镁水泥性能的重要前提。

水泥的硬化是由水化反应造成的,而化学收缩指的是水泥水化反应中,水化产物的绝对体积比反应前水泥和水的总体积减小的现象,这种现象是由水化产物和水化反应反应物密度不同造成的。所以化学收缩伴随于水泥整个水化过程[114-139]。目前对于化学收缩的试验方法主要有三种:水中称重法、绝对体积法和比重法,本书应用《水硬性水泥凝膏化学收缩的标准试验方法》(*Standard Test Method for Chemical Shrinkage of Hydraulic Cement Paste*)(ASTM C1608—2017)中的绝对体积测量方法进行试验,对常温条件下优选配合比的磷酸镁水泥和普通硅酸盐水泥的化学收缩进行了比较研究。

1. 试验设备和材料

Terchy-MHK-1000LK 环境箱、电子秤、2mL 毛细管、60mL 广口瓶(配有橡胶塞)、石蜡油、煤油、环氧树脂、42.5R 硅酸盐水泥、磷酸镁水泥(组分为 MgO、KH_2PO_4、$Na_2B_4O_7 \cdot 10H_2O$)。

2. 试验方法

将环境箱温度设为 20℃,保持恒温,将 2mL 毛细管插入橡胶塞中,称量广口瓶质量 $M_{空瓶}$,分别配制硅酸盐水泥净浆和磷酸镁水泥净浆,倒入广口瓶中,分别称量两种水泥质量 $M_{瓶+浆体}$。然后将煤油倒入广口瓶中,用插入毛细管的橡胶塞封住广口瓶,使毛细管插入煤油中,且通过毛细作用,使毛细管中煤油液位上升至毛细管顶部刻度,之后用环氧树脂将广口瓶和橡胶塞密封。为了减少煤油挥发作用的影响,在毛细管顶部滴入一滴石蜡油,最后将组装好的广口瓶放入环境箱中,记录初始液位高度和时间,组装广口瓶如图2.17所示。因为磷酸镁水泥为快硬早强水泥,所以早期液位变化较为重要,根据《水硬性水泥凝膏化学收缩的标准试验方法》(ASTM C1608—2017),以浆体制备完成1h后作为计算零点(1h时间样品才能获得温度平衡),1h后每30min记录一次,2h后每1h记录一次,8h后每24h记录一次。为确保试验准确,每组试验2次,取平均值。

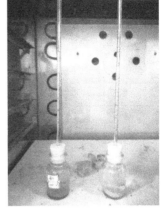

图2.17 硅酸盐水泥和磷酸镁水泥化学收缩试验组装广口瓶

3.理论计算

水泥的化学收缩计算如下所示:

(1)水泥质量 $M_{水泥}$ 的计算:

$$M_{水泥} = \frac{M_{瓶+浆体} - M_{空瓶}}{1.0 + \dfrac{W}{C}}$$ (2.11)

式中:$M_{水泥}$——瓶中水泥的质量,g;

  $M_{瓶+浆体}$——玻璃瓶和添加水泥浆的质量,g;

  $M_{空瓶}$——空瓶子的质量,g;

  W/C——水灰比,硅酸盐水泥为0.38、磷酸镁水泥为0.16,水的密度假定为1000kg/m³。

(2)每单位质量水泥在 t 时的化学收缩计算:

$$CS(t) = \frac{h(t) - h(60\text{min})}{M_{水泥}}$$ (2.12)

式中:$CS(t)$——在 t 时水泥化学收缩,mL/g;

  $h(t)$——在 t 时毛细管水位,mL;

  $h(60\text{min})$——1h时毛细管水位,mL。

4.试验结果及分析

本书旨在研究水泥早期水化反应引起的化学收缩,而主要的水泥水化反应在7d龄期内完成,后续虽仍会有一定程度的水化作用,但对混凝土性能影响较小,故磷酸镁水泥常温最优配合比与硅酸盐水泥的化学收缩试验结果如表2.4所示。

两种水泥化学收缩试验结果 表2.4

时间 (h)	硅酸盐水泥		磷酸镁水泥	
	$M_{浆体} = 30.07g$	W/C = 0.38	$M_{浆体} = 17.06g$	W/C = 0.16
	$h(t) - h(60min)$ (mL)	CS(t)(mL·100g^{-1})	$h(t) - h(60min)$ (mL)	CS(t)(mL·100g^{-1})
1	0	0	0	0
1.5	0.04	0.184	0.01	0.068
2	0.07	0.321	0.02	0.136
3	0.08	0.367	0.04	0.272
4	0.09	0.413	0.07	0.476
5	0.10	0.459	0.09	0.612
6	0.11	0.505	0.10	0.680
7	0.12	0.551	0.11	0.748
8	0.12	0.551	0.12	0.816
24	0.24	1.101	0.31	2.108
48	0.40	1.836	0.38	2.584
72	0.54	2.478	0.44	2.992
96	0.66	3.029	0.46	3.128
120	0.74	3.396	0.47	3.196
144	0.84	3.855	0.52	3.536
168	0.91	4.176	0.56	3.808

由图2.18a)可知,水化反应早期3.5h之前,硅酸盐水泥化学收缩较快,这是因为硅酸盐水泥水灰比为0.38,而磷酸镁水泥的水灰比为0.16。当水灰比较大时,水泥浆中自由水含量较高,使得浆体中的水泥颗粒具有较为优越的水化条件,所以水化反应进程较快,生成的水化产物多,且水化产物在浆体中均匀分布,而磷酸镁水泥由于水灰比较小,早期水化反应主要集中在有水存在的位置,所以生成的水化产物较少,化学收缩相对而言较慢。而3.5h之后,磷酸镁水泥化学收缩变快,硅酸盐水泥化学收缩速率下降,这是因为随着水化反应的进行,磷酸镁水泥中和反应放热量变大,温度升高,促进了水化反应的进行,故水化产物生成较快,而硅酸盐水泥进入了较为稳定的水化反应期,此后硅酸盐水泥水化产物生成速率较为稳定,一直缓慢增长,故化学收缩速率也较为稳定。由图2.18b)可以看到,龄期为30h

时磷酸镁水泥化学收缩速率降低,高速水化反应期结束,也进入了水化产物稳慢增长的稳定期,而在龄期为 30h 时,磷酸镁水泥的化学收缩值为 2.244mL/100g,已经达到了 7d 化学收缩值的 57%,这种化学收缩速率的变化,直接反映了水泥水化产物生成的速度变化,而磷酸镁水泥水化产物又是其早期强度的主要承担者,故间接地表现出了磷酸镁水泥的早强特性。龄期为 30h 之后,磷酸镁水泥的化学收缩速率小于硅酸盐水泥的化学收缩速率,直到龄期为 110h 时,两种水泥的化学收缩曲线出现了交点,之后磷酸镁水泥的化学收缩变化较为缓慢,硅酸盐水泥仍持续加快。当龄期为 7d 时,硅酸盐水泥的化学收缩值为 4.319mL/100g,而磷酸镁水泥化学收缩值为 3.944mL/100g,故龄期为 7d 时,两种水泥净浆中,磷酸镁水泥的化学收缩更小。而水泥化学收缩值与混凝土体积稳定性具有密切的关系,收缩值越大,则单位混凝土的水泥收缩变化越大,混凝土的体积稳定性越差,越容易出现开裂现象。此试验结果说明本书最优配合比下的磷酸镁水泥比硅酸盐水泥具有更好的抗裂性。

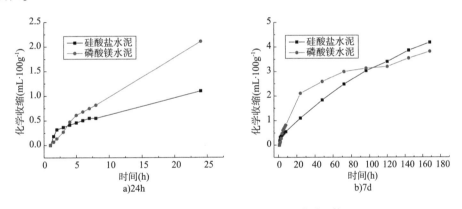

图 2.18　磷酸镁水泥和硅酸盐水泥化学收缩比较

六、磷酸镁水泥常温条件下微观试验研究

前文对磷酸镁水泥的凝结时间、抗压强度、水化放热、收缩性能等进行了宏观试验,对磷酸镁水泥的基本性能进行了分析研究。为了更全面地研究磷酸镁水泥的水化机理,本节通过 X 射线衍射试验(简称 XRD 试验)和电镜试验,研究常温条件下磷酸镁水泥水化反应产物以及不同龄期时水泥中各组分的种类和含量,并与宏观性能相结合,进行微观分析。

图2.19 布鲁克AXS-X
射线衍射仪

1. 试验设备和材料

布鲁克AXS-X射线衍射仪(图2.19)、冷场发射扫描电镜(图2.20)、磷酸镁水泥、无水乙醇、研磨钵、60mL广口瓶、E-1045离子溅射仪(图2.21)。

2. 试验方法

首先根据磷酸镁水泥最优配合比制备磷酸镁水泥,制备完成后将其放置于温度20℃、湿度50%的环境箱中养护。为了研究磷酸镁水泥在本书最优配合比下不同龄期的早期成分变化情况,设定试验4组,分别为3h、1d、3d、7d,当达到每组龄期时,将养护中的磷酸镁水泥取出采样,然后将样品放入广口瓶中,倒入无水乙醇浸泡,使水泥水化反应终止,然后将广口瓶密封。开始XRD试验和电镜试验前,先将采样的水泥取出,进行烘干处理,然后分别制备XRD试验样品和电镜试验样品。

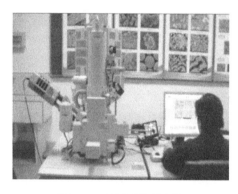

图2.20 冷场发射扫描电镜

图2.21 E-1045离子溅射仪

(1)XRD试验:制备XRD试验样品时,用研磨钵将水泥块研磨成粉末,放入XRD试验试模,用玻璃片将其压实,如图2.22所示,保证水泥粉末平整,然后放入X射线衍射仪中进行成分分析。

(2)电镜试验:将电镜试验样品碾碎,取水泥试样中间部分的小块颗粒(约为2mm×2mm×2mm),用双面胶按试验顺序贴于样品台上,如图2.23所示。由于水泥是绝缘体,为保证电镜扫描图片的质量,需应用离子溅射仪对试件表面进行离子喷溅,然后将样品台放入电镜舱内,进行电镜试验[140-143]。

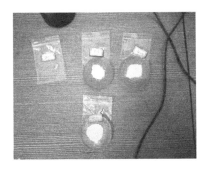

图 2.22　XRD 试验样品

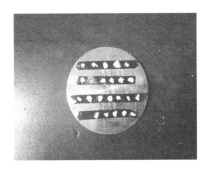

图 2.23　电镜样品台

3. 试验结果及分析

通过 X 射线衍射仪对 3h、1d、3d、7d 龄期磷酸镁水泥进行试验,然后应用 X-Pert 软件对得到的每个龄期的水泥成分进行分析,如图 2.24 所示,并对每种成分进行半定量分析,分析结果如表 2.5 所示。

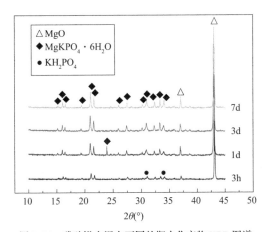

图 2.24　磷酸镁水泥在不同龄期水化产物 XRD 图谱

水化反应不同龄期氧化镁和六水磷酸镁钾比例　　　　　表 2.5

M/P = 3　　W/C = 0.16　　B/M = 5%			
龄期	3h	1d	3d	7d
MgO	89%	74%	65%	60%
MgKPO$_4$·6H$_2$O	11%	26%	35%	40%
强度(MPa)	13.68	27.78	44.57	51.7

从图 2.24 的 XRD 图谱中可以看出,除了 3h 龄期时,存在少量未反应的 KH$_2$PO$_4$

以外,反应过程中存在的产物主要为 MgO 和 MgKPO$_4$·6H$_2$O。由于磷酸镁水泥的制备反应中 MgO 过量,故不论任何龄期都存在大量 MgO,这种 MgO 是以方镁石的形态存在的,它是镁的一种稳定形态,具有难溶、耐高温且化学亲和力小的特点。而 MgKPO$_4$·6H$_2$O 作为反应的水化产物有较好的稳定结构,具有良好的强度,磷酸镁水泥的强度主要由其承担。随着龄期的增长,MgKPO$_4$·6H$_2$O 的含量越来越高,此时,未参加水化反应的 MgO 填充于水化产物 MgKPO$_4$·6H$_2$O 之间,使得水化产物的结构更加致密,水化产物的力学性能更优。

反应的整个过程中,除了这两种主要化合物外,还存在一些重烧氧化镁中的杂质,如 SiO$_2$、CaO 等发生反应生成的水化产物,由于含量极低,在 XRD 图谱中难以反映,故本节只考虑 MgO 和 MgKPO$_4$·6H$_2$O 这两种主要化合物的含量关系,此关系直接反映了水化反应的进行程度,对其进行半定量分析,可以从微观角度解释水泥力学性能变化,如表 2.5 所示。将 XRD 图谱和半定量分析结果结合来看,随着龄期的增长,水化产物 MgKPO$_4$·6H$_2$O 的含量越来越高。由于磷酸镁水泥的强度主要由 MgKPO$_4$·6H$_2$O 的强度决定,故可以认为水泥强度和 MgKPO$_4$·6H$_2$O 的水化生成量密切相关。在微观分析中以 7d 龄期的 MgKPO$_4$·6H$_2$O 含量为 100%,则 3h 龄期的 MgKPO$_4$·6H$_2$O 含量为 7d 龄期的 27.5%,1d 龄期的 MgKPO$_4$·6H$_2$O 含量为 7d 龄期 65%,3d 龄期的 MgKPO$_4$·6H$_2$O 含量为 7d 龄期的87.5%。而从宏观强度试验中测试的水泥强度来看,以 7d 龄期强度为 100%,则 3h 龄期强度是 7d 龄期强度的 26.5%,而 1d 龄期强度为 7d 龄期强度的 53.7%,3d 龄期强度为 7d 龄期强度的 86.2%。水泥强度与水化产物增长趋势如图 2.25 所示。

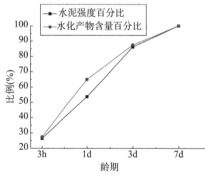

图 2.25　水泥强度与水化产物增长趋势

由试验结果可知,磷酸镁水泥强度随龄期的增长趋势与水化产物 MgKPO$_4$·6H$_2$O 的增加趋势基本相符,只有 1d 龄期时,水化产物 MgKPO$_4$·6H$_2$O 的含量百分比略高于水泥的强度百分比,这是因为水泥的强度除了与水化产物的生成有关外,还与重烧氧化镁对结构孔隙的填充有关。从之前化学收缩试验和水化热试验均可以看出,1d 龄期为磷酸镁水泥反应趋于平稳的重要时间节点,故在磷酸镁水泥反应刚趋于平稳时,未参与反应的部分 MgO 还未能充分地填入 $MgKPO_4 \cdot 6H_2O$ 结构孔隙中,所以水泥强度百分比略低于水化产物含量百分比。这验证了 $MgKPO_4 \cdot 6H_2O$ 在磷酸镁水泥中主要承担水泥强度的理论。

通过扫描电镜对常温下 3h、1d、3d、7d 四个不同龄期磷酸镁水泥微观形貌放大1000 倍、2000 倍、5000 倍和 10000 倍进行拍摄,得到如下结果。

图 2.26 为 3h 龄期磷酸镁水泥微观形貌。由图 2.26a) 可知,3h 龄期时,可以看到大量层状分布的片状和棱柱状结构,说明水化产物 $MgKPO_4 \cdot 6H_2O$ 已在水化反应初期快速生成,层状结构的出现表明重烧氧化镁和 KH_2PO_4 均匀地发生着反应,每一处的 $MgKPO_4 \cdot 6H_2O$ 自成一体,水化产物大量生成,但是其间并没有较好地连接。从力学性能上来说,层状结构不具有良好的力学性能。图 2.26b) 中为了确定附着于水化产物上的颗粒成分,对标记点进行了能谱分析,如图 2.27 所示,可以看到该位置存在大量 Mg 和 O 元素,同时还有少量 P、K 元素,故此处主要为未参与反应的重烧氧化镁和少量的水化产物 $MgKPO_4 \cdot 6H_2O$。图 2.26c) 中可以看出,$MgKPO_4 \cdot 6H_2O$ 之间有明显且距离较大的缝隙,其中最大的圆圈所示部位缝隙达到了 $10\mu m$。图 2.26d) 进行了大倍数拍摄,可以看出由于水化产物 $MgKPO_4 \cdot 6H_2O$ 的生成和凝结,表面有明显的纹理和棱角,这些纹理和棱角使得水化产物之间具有更强的机械咬合力,可增大磷酸镁水泥的强度。综上所述,3h 龄期时,磷酸镁水泥净浆强度已经有一定发展,但是由于微观结构为层状结构,且水化产物之间缝隙较大,所以水泥强度不高。

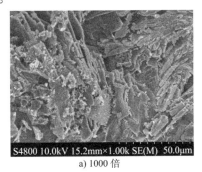

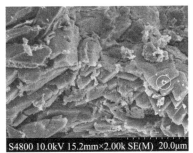

S4800 10.0kV 15.2mm×1.00k SE(M)　50.0μm

a) 1000 倍

S4800 10.0kV 15.2mm×2.00k SE(M)　20.0μm

b) 2000 倍

图　2.26

c) 5000 倍

d) 10000 倍

图 2.26　常温下 3h 龄期磷酸镁水泥微观形貌

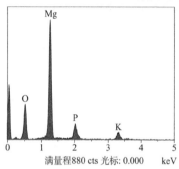

图 2.27　水化基体能谱分析(一)

图 2.28 为 1d 龄期的磷酸镁水泥微观形貌。从图 2.28a)中可知,相比于图 2.26a),层片状结构的 $MgKPO_4 \cdot 6H_2O$ 减少了,水化产物开始凝聚,虽然其间仍然存在一定缝隙,但是微观结构总体上向一个一个的块状整体发展,从力学性能上来说,这种结构优于图 2.26a)中的水化产物结构。从图 2.28b)中可明显看出,水化产物已凝聚成部分整体,水化产物间的缝隙相比于图 2.26b)明显减少。为了明确表面附着颗粒的成分,对图 2.28b)标记处进行了能谱分析,如图 2.29 所示,从图中可以看出,该部位的主要元素为 O、Mg、P、K,分析其主要物质应为刚生成的水化产物 $MgKPO_4$,由于其还未能和之前反应生成的水化产物凝聚,所以附着于表面。

a) 1000 倍

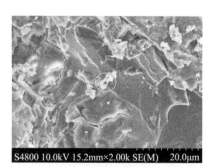
b) 2000 倍

图　2.28

| c) 5000 倍 | d) 10000 倍 |

图 2.28　常温下 1d 龄期磷酸镁水泥微观形貌

由图 2.30a)可知,相比于图 2.28a)同样是放大 1000 倍拍摄的,图中水化产物已向块状凝聚体发展, 凝结得更紧密,水化产物之间的缝隙减小。 图 2.30b)中大块状 $MgKPO_4 \cdot 6H_2O$ 表面附着一些 小的水化产物,使得整体的水化产物表面显得更加 粗糙,这种结构使得水泥的力学性能更加优良。 图 2.30c)中水化产物 $MgKPO_4 \cdot 6H_2O$ 之间的缝隙 已基本消失,只在其表面仍存在少量很小的孔隙。

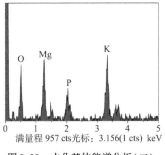

满量程 957 cts光标: 3.156(1 cts) keV

图 2.29　水化基体能谱分析(二)

将图 2.30d)和图 2.28d)相比,可明显看出水化产物的孔隙随着龄期的发展减小了,减小的原因有两种:一种是水化反应生成的水化产物凝聚得更密实,另一种是未反应的 MgO 填充于水化产物的孔隙中。这两种原因都会使水泥结构变得更密实,强度得到提高。

| a) 1000 倍 | b) 2000 倍 |

图　2.30

c) 5000 倍　　　　　　　　　　　　　　　d) 10000 倍

图 2.30　常温下 3d 龄期磷酸镁水泥微观形貌

由图 2.31a)可知,水化产物表面的附着物明显减少,从水化反应的角度来看,此时,磷酸镁水泥的水化反应已基本完成,出现在表面的 $MgKPO_4 \cdot 6H_2O$ 已大量减少,而之前龄期生成的 $MgKPO_4 \cdot 6H_2O$ 也已经基本凝聚完成,形成了大块的水化产物。图 2.31b)、c)相比于图 2.30,其水化产物缝隙已经非常少了,且缝隙长度明显减小。图 2.31d)中磷酸镁水泥的微观结构以基本无孔隙、密实的块状水化产物 $MgKPO_4 \cdot 6H_2O$ 为主体,表面附着部分 $MgKPO_4 \cdot 6H_2O$ 和未参与反应的 MgO 颗粒。

a) 1000 倍　　　　　　　　　　　　　　　b) 2000 倍

c) 5000 倍　　　　　　　　　　　　　　　d) 10000 倍

图 2.31　常温下 7d 龄期磷酸镁水泥微观形貌

通过对 3h、1d、3d、7d 不同龄期磷酸镁水泥进行电镜扫描试验能够得出,磷酸镁水泥早期强度高,是因为早期水化反应快速,3h 就能生成大量水化产物 $MgKPO_4 \cdot 6H_2O$,而 $MgKPO_4 \cdot 6H_2O$ 具有很强的力学性能,随着龄期的不断发展,水化产物 $MgKPO_4 \cdot 6H_2O$ 之间发生凝聚和结合,形成块状整体,同时,表面附着的 MgO 和 $MgKPO_4 \cdot 6H_2O$ 使得块状水化产物具有粗糙的表面,这样的结构会使得水泥的强度增大。所以磷酸镁水泥具有早强性能,且随着龄期的增长,强度有明显提升。

第三节　水泥砂浆常温配合比研究

水泥材料中,水泥砂浆强度是评定水泥质量的一个重要指标。对于机场道面的快速修复来说,水泥砂浆适用于 $12 \sim 50mm^2$ 大小的损坏面积的修复,同时也适用于道面失稳时板底灌浆,所以常温条件下对水泥砂浆的研究也是具有重要意义的。本书对水泥砂浆的性能研究,主要是砂浆强度和工作性研究。其中,强度包括抗压强度和抗弯拉强度,决定着水泥的质量;工作性包括流动性、黏聚性和保水性三个方面,本书主要研究水泥砂浆的流动性来评定水泥砂浆工作性。

本书前面得到了常温条件下磷酸镁水泥净浆的最优配合比为 M/P = 3,B/M = 5%,水灰比为 0.16。磷酸镁水泥砂浆中,除了制备磷酸镁水泥净浆材料外,还需加入细集料(砂),而砂具有很强的吸水性,会吸收原本最优配合比中部分本应进行水化反应的自由水,最优水灰比会相应增大,所以在本节磷酸镁水泥砂浆的研究中,镁磷比和硼砂掺量不变,主要对最优砂浆配合比的胶砂比(C/S)和水灰比两个参数进行研究。通过试验发现,水灰比为 0.14 时,由于砂具有吸水作用,水泥砂浆过干,无法成型,故水灰比试验取值为 0.16,0.18,0.20,0.22,胶砂比试验取值为 1∶0,1∶0.5,1∶1,1∶1.5,砂根据《公路工程水泥及水泥混凝土试验规程》(JTG 3420—2020)采用 IOS 标准砂。

试验仪器:砂浆搅拌机、水泥胶砂流动度测定仪(跳桌)(图 2.32)、试模、卡尺、振动台、砂浆三联模(同时成型 3 个 40mm × 40mm × 160mm 的菱形试件)、抗弯拉试验机(图 2.33)、抗压试验机、抗压夹具、大播料器、小播料器。

图 2.32　水泥胶砂流动度测定仪　　　　图 2.33　抗弯拉试验机

试验方法:制备水泥砂浆时,先按照之前的步骤和配合比称量各材料的质量,然后在砂浆搅拌机中混合,待磷酸镁水泥净浆搅拌约1min后,倒入标准砂,然后充分搅拌1min。

(1)磷酸镁水泥胶砂流动度测定。

由于磷酸镁水泥有快硬的特点,所以砂浆制备完成后,快速将配制好的水泥砂浆装入流动试模,用捣棒由边缘至中心均匀捣压,使得水泥砂浆平面高于截锥圆模,然后取下模套,将水泥砂浆刮平,再将截锥圆模垂直向上提起,立即启动跳桌,每秒1次,进行25次跳动,跳动完毕后,用卡尺测量水泥砂浆底面最大扩散直径和垂直方向直径,即可得到磷酸镁水泥胶砂流动度。

(2)磷酸镁水泥砂浆强度测定。

磷酸镁水泥砂浆制备完成后,快速将其分两层倒入三联模中,第一层约300g砂浆,用大播料器将砂浆表面播平,振实约30次,然后快速倒入第二层砂浆,用小播料器再次将砂浆表面播平,再振实60次。因为磷酸镁水泥具有快硬早强性能,所以2h后即可脱模,成型的水泥砂浆如图2.34所示,将其放置于温度20℃、湿度50%的环境箱中,模拟自然养护。在龄期为3h、1d、3d、7d时应用抗弯拉试验机进行砂浆抗弯拉试验,完成后利用抗压试验机和抗压夹具进行砂浆抗压试验。

图 2.34　磷酸镁水泥砂浆试块

一、胶砂比对磷酸镁水泥砂浆性能的影响

进行胶砂比对砂浆性能影响试验时,固定水灰比为 0.18,磷酸镁水泥砂浆的具体配合比如表 2.6 所示,经过试验,胶砂比为 1∶2 时,砂浆过干无法成型。

磷酸镁水泥砂浆配合比(一) 表 2.6

M/P = 3 B/M = 5% W/C = 0.18			
C/S	1∶0	1∶0.5	1∶1	1∶1.5

1.胶砂比对水泥砂浆流动度的影响

试验结果如图 2.35 所示,胶砂比为 1∶0 时,流动度大于 300mm,此图中以 300mm 表示。

由图 2.35 可知,磷酸镁水泥砂浆随着砂含量增大,流动度显著减小。胶砂比为 1∶0.5 时,流动度为 270mm;胶砂比为 1∶1 时,流动度为 215mm,此时磷酸镁水泥砂浆具有较好的工作性;而胶砂比为 1∶1.5 时,流动度下降为 140mm,工作性变差较为明显。砂含量越多,水泥砂浆流动性越差,这是因为砂表面会吸附自由

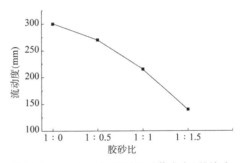

图 2.35 流动度与磷酸镁水泥砂浆胶砂比的关系

水,而随着砂含量的增多,相同水灰比条件下,试件中自由水减少,故流动度降低。胶砂比为 1∶2 时水泥砂浆无法成型,这是因为砂浆是由水泥包裹在砂颗粒表面凝聚形成的,而砂浆中,砂含量增多后,水泥含量没有增加反而减小,所以使得原本应包裹于砂表面的水泥严重不足,出现过干无法成型的现象。

由于磷酸镁水泥制备成本较高,所以综合考虑工作性和经济性两种因素,胶砂比为 1∶1 时,磷酸镁水泥工作性较好,经济性也较好。

2.胶砂比对水泥砂浆强度的影响

分别对不同胶砂比的水泥砂浆进行抗弯拉强度试验和抗压强度试验,为了保证试验的准确性,对每个配合比进行 3 组平行试验,取平均值,试验结果如图 2.36、图 2.37 所示。

由图 2.36 可知,随着砂所占比例的增多,砂浆的抗弯拉强度减小。当龄期

为3h、胶砂比为1:0.5时,砂浆的抗弯拉强度为5.45MPa;胶砂比为1:1时,砂浆的抗弯拉强度为5.05MPa,与胶砂比为1:0.5相比有一定程度的降低,但是降幅不大,只减少了7.3%;而当胶砂比为1:1.5时,抗弯拉强度只有4.25MPa,与胶砂比为1:0.5相比,减少了22%。当龄期为7d时,胶砂比为1:0.5的砂浆抗弯拉强度为9.35MPa;胶砂比为1:1的砂浆抗弯拉强度为8.95MPa,比胶砂比为1:0.5的砂浆抗弯拉强度降低4.3%;胶砂比为1:1.5的砂浆抗弯拉强度为6.85MPa,比胶砂比为1:0.5的砂浆抗弯拉强度降低26.7%。这说明当胶砂比为1:1.5时,早期抗弯拉强度明显低于以另外两种胶砂比制备的试件,而随着龄期的发展,该胶砂比为1:1.5的试件,强度增长缓慢,与以另外两种胶砂比制备的试件抗弯拉强度的差别越来越大。

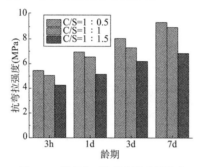

图2.36　胶砂比对抗弯拉强度的影响

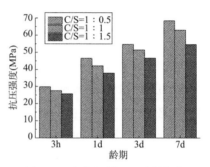

图2.37　胶砂比对抗压强度的影响

由图2.37可知,抗压强度具有与抗弯拉强度相类似的规律,3h龄期时,胶砂比为1:0.5的砂浆抗压强度最大,达到了29.83MPa,但是3种胶砂比的砂浆抗压强度相差不大,胶砂比为1:1和1:1.5的砂浆抗压强度与之相比分别减少了7.6%和13.7%。而龄期为7d时,胶砂比为1:0.5的砂浆抗压强度为68.54MPa,胶砂比为1:1和1:1.5的砂浆抗压强度与之相比分别减少了7%和20.2%。所以当龄期增长后,胶砂比为1:1.5的砂浆与另外两种胶砂比的砂浆强度差距开始慢慢增大。

这是因为砂浆体系中,随着胶砂比的减小,砂在体系中所占比例增大,相应的水泥比例在体系中的比例有所减小,而砂浆是由水泥包裹于砂颗粒表面凝聚形成的,水泥比例的减少,使得部分砂子表面没有水泥浆包裹,故砂浆内部的黏聚力下降,整体变得松散。而胶砂比为1:2时,水泥砂浆太干,无法成型。

所以考虑流动度、强度因素,胶砂比越大,水泥砂浆的工作性越好、强度越高,但是磷酸镁水泥成本较高。结合经济性因素考虑的话,胶砂比为1:1时,流动度和强度都能符合要求,且成本较低。

二、水灰比对磷酸镁水泥砂浆性能的影响

进行水灰比对磷酸镁水泥砂浆性能影响试验时,固定胶砂比为之前试验得出的最优胶砂比1:1,磷酸镁水泥砂浆的具体配合比如表2.7所示,经过试验,水灰比为0.14时,水泥砂浆过干,无法成型。

磷酸镁水泥砂浆配合比(二)　　　　　　　　表2.7

M/P = 3　　B/M = 5%　　C/S = 1:1			
W/C	0.16	0.18	0.20	0.22

1. 水灰比对磷酸镁水泥砂浆流动度的影响

试验结果如图2.38所示,从图中可以看出,水灰比为0.16时,砂浆流动度为155mm;水灰比为0.18时,砂浆流动度增大到215mm;水灰比为0.20时,砂浆流动度增大到240mm;水灰比为0.22时,砂浆流动度增大至265mm。所以随着水灰比的增大,磷酸镁水泥砂浆流动性显著增强,这是因为砂浆水灰比增大后,浆体中自由水增多,有足够的水进行水化反应,也有更多的水能够吸附在砂和未反应的氧化镁颗粒表面。

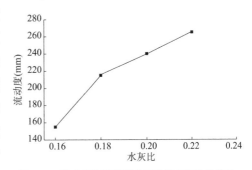

图2.38　流动度与磷酸镁水泥砂浆水灰比的关系

2. 水灰比对磷酸镁水泥砂浆强度的影响

分别对不同水灰比的水泥砂浆进行抗弯拉强度试验和抗压强度试验,为了保证试验的准确性,对每个配合比进行3组平行试验,取平均值,试验结果如图2.39和图2.40所示。

由图2.39和图2.40可知,随着磷酸镁水泥龄期的增长,不论是抗弯拉强度还是抗压强度,都有较大的增长,但涨幅随着水灰比的增大而减小,即水灰比越大,水泥的强度增长越慢,7d龄期的强度越低。砂浆龄期为3h时,4种水灰比试件的抗弯拉强度和抗压强度变化规律为水灰比越大强度越低,但是相差幅度较小,水灰比为0.16

时,试件抗弯拉强度和抗压强度最大,分别为5.35MPa和28.38MPa,而强度最小的为水灰比为0.22的试件,抗弯拉强度和抗压强度分别为4.68MPa和21.09MPa,分别相差12.5%和25.7%;1d龄期时不同水灰比试件之间强度的差距开始变大,水灰比为0.16和0.22的试件抗弯拉强度和抗压强度分别为7.725MPa、50.75MPa和5.38MPa、33.49MPa,分别相差30.4%和34%;这种差距随着龄期增长,仍在不断变大,7d龄期时,水灰比为0.16和0.22的试件抗弯拉强度和抗压强度分别为10.04MPa、75.59MPa和6.32MPa、42.42MPa,不同水灰比的试件之间的强度相差37.1%和43.9%。所以水灰比对水泥强度的影响是非常大的,且龄期越长,影响越大。磷酸镁水泥对水灰比是非常敏感的,当水灰比较大时,早期水化反应拥有大量的自由水参与其中,使得水化反应能够顺利进行,生成大量水化产物,但也正是体系中自由水含量多,使得生成的水化产物之间离散性大,相互之间不够紧密,所以与水灰比小时的强度差距不大。但是随着龄期的发展,体系中多余的自由水通过蒸发作用从砂浆孔隙中跑出,使得砂浆内部形成孔隙,导致砂浆整体致密性不好,从结构上影响了砂浆的抗弯拉强度和抗压强度,所以在1d龄期以后,水灰比为0.16和0.22的试件之间的强度差距越来越大。而水灰比为0.14时,由于砂表面吸水,能用于水化反应的自由水减少,水泥浆体减少,砂颗粒表面无法被水泥浆体包裹,水泥砂浆整体松散,无法被振捣密实,内部孔隙增多,甚至出现大孔隙或蜂窝结构,从而使得砂浆强度很低。

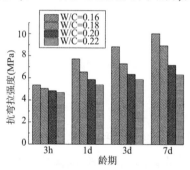 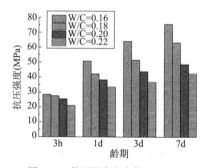

图2.39　抗弯拉强度与水灰比的关系　　　图2.40　抗压强度与水灰比的关系

综上所述,过高的水灰比和过低的水灰比都会导致砂浆强度降低。对于流动度要求不高的修复工程,水灰比为0.16时,磷酸镁水泥砂浆具有较高的抗压强度和抗弯拉强度,而对于流动度要求较高的工程,例如孔隙灌浆或板底灌浆工程,则选用0.18的水灰比为宜。

第四节 本 章 小 结

本章主要研究了磷酸镁水泥在常温环境下的净浆和砂浆最优配合比,并对其净浆性能进行了较为全面的研究,主要结论如下:

(1)通过凝结时间和强度试验,选出常温条件下对机场快速道面修复工程有利的最优制备配合比为 $M/P = 3$,$B/M = 5\%$,$W/C = 0.16$。

(2)通过不同配合比下的水化热试验得出,在一定区间内,镁磷比越大,水泥累积放热量越小,水灰比越大,水泥累积放热量越大;镁磷比越大,水泥早期水化速率越小,水灰比越大,水泥早期水化速率越小。

(3)对磷酸镁水泥和普通硅酸盐水泥 7d 龄期的化学收缩进行了试验研究,得出两种水泥化学收缩随龄期的变化规律,且当龄期为 7d 时,硅酸盐水泥的化学收缩值为 4.319mL/100g,而磷酸镁水泥化学收缩值为 3.944mL/100g,磷酸镁水泥具有更好的体积稳定性。

(4)为了更清楚地了解磷酸镁水泥的强度增长规律和水化情况,对其净浆样本采样,进行了微观试验分析,通过 X 射线衍射(XRD)试验和电镜试验,得出磷酸镁水泥的强度主要是由水化产物 $MgKPO_4 \cdot 6H_2O$ 承担,水化产物的含量和微观结构直接影响磷酸镁水泥的强度,且能从 $MgKPO_4 \cdot 6H_2O$ 含量上反映出磷酸镁水泥的水化反应速率。

(5)针对机场道面较小范围裂缝的修复,研究了磷酸镁水泥常温条件下砂浆最优配合比,通过流动度试验和砂浆强度试验,研究了胶砂比和水灰比对磷酸镁水泥砂浆性能的影响,从性能和经济性双重因素考虑,最优胶砂比为1:1;对于流动度要求较高的灌浆工程,水灰比应选为 0.18,对于流动度要求不高,力学性能要求较高的工程,水灰比应选为 0.16。

第三章
磷酸镁水泥低温/负温性能研究

众多学者认为由于磷酸镁水泥制备为化学放热反应,故在温度较低时仍能反应,但是对低温和负温磷酸镁水泥性能没有进行较为系统的研究。而机场道面不停航修复通常在夜间进行,我国西北和东北地区,冬天夜间室外温度较低,故对磷酸镁水泥低温和负温条件下的性能进行系统研究具有非常重要的意义。本章通过宏观和微观相结合的方式,对磷酸镁水泥低温和负温条件下的水化反应和影响参数进行研究。

根据《建筑工程冬期施工规程》(JGJ/T 104—2011)的规定,当室外日平均气温连续5d 低于5℃时,进入冬季施工期,此时普通水泥的水化作用减弱,混凝土强度增长缓慢,当温度低至 −1.5～−1℃时,自由水结冰,低至 −4℃时,水化反应中的水也开始结冰,水化反应将完全停止,混凝土强度不会再增长,而水一旦结冰,体积会大幅增大,使得水泥内部产生冻胀应力。所以《建筑工程冬期施工规程》(JGJ/T 104—2011)中规定如果没有行之有效的措施保证工程质量,应停止施工。但是对于军用机场工程来说,一旦出现道面损坏,而又因低温不能保证工程质量,则会对军事行动和训练造成重大的影响。磷酸镁水泥因为具有快硬、早强、放热量大的特点,比普通硅酸盐水泥在低温下施工具有更大优势。从《建筑工程冬期施工规程》(JGJ/T 104—2011)中可以看出,5℃作为工程施工的临界点,对水泥的性能发展具有较大的影响,故本章将磷酸镁水泥影响温度分为低温5℃和负温0℃、−5℃、−10℃两部分进行研究。

第一节　磷酸镁水泥对温度的敏感性研究

第二章从宏观和微观角度对磷酸镁水泥的常温性能进行了较为详细、系统的研究,而在试验中发现,同一配合比下在不同时间进行试验时,水泥净浆强度有较大差异,这种强度的差异是由环境温度的不同引起的,这说明磷酸镁水泥对温度敏感性较高,环境温度的不同会使磷酸镁水泥的性能产生差异,故为了确保温度的统一性,第二章所有试验试件的养护均在环境箱中完成。本节以常温磷酸镁水泥最优配合比为基础,通过改变环境温度,进行磷酸镁水泥的温度敏感性研究。将环境箱内温度分别设置为20℃、10℃、5℃、0℃四种,测试在不同温度下磷酸镁水泥的凝结时间和强度,得出温度对磷酸镁水泥的影响。为了确保试验的准确性,试验材料分别在4种温度中静置24h后,用净浆搅拌机搅拌,再在环境箱中倒入模具成型,应用维卡仪测试水泥凝结时间,结果如表3.1所示。

不同温度下磷酸镁水泥的凝结时间　　　　表3.1

M/P = 3　　B/M = 5%　　W/C = 0.16			
温度(℃)	20	10	5	0
凝结时间(min)	19.75	32.5	76.25	133.68

由表3.1可知,随着温度的降低,磷酸镁水泥的凝结时间显著增长,10℃比20℃条件下凝结时间增长了12.75min,5℃比10℃条件下凝结时间增长了43.75min,而0℃比5℃条件下增长了57.43min。故从凝结时间来看,磷酸镁水泥对温度有着较高的敏感性,而在20℃和10℃时,最优配合比下的磷酸镁水泥凝结时间变化不大,相差10℃,凝结时间只增长了12.75min,而在10℃以下时,温度每相差5℃,凝结时间差值越来越大。从凝结时间的变化规律可以得知,温度越低,磷酸镁水泥的凝结时间越长,即工作性越好。这是由两种因素造成的,第一种因素是材料本身温度降低后,水化反应放出的热量会和还未反应的低温材料发生热交换,这会使本应用来促进反应的热量损失一部分,降低水化反应的速度;第二种因素是外界环境温度低时,水泥水化反应放出的热量会和外界环境发生热交换作用,也会使热量损失,降低水化反应的速度。所以通过试验可知,在磷酸镁水泥的施工中利用温度实现磷酸镁水泥的缓凝这一方法是具有可能性的。

通过试验分别测试不同温度下3h、1d、3d、7d四个龄期的磷酸镁水泥抗压强度,试验结果如图3.1所示。

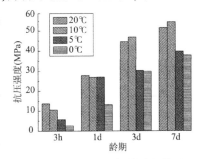

图3.1　不同温度下磷酸镁水泥抗压强度

由图 3.1 可知,四种温度条件下,20℃和10℃时,磷酸镁水泥抗压强度较为接近,3h 龄期时 20℃条件下的水泥抗压强度大于 10℃条件下的,分别为 13.68MPa 和 10.52MPa。1d 龄期规律与 3h 龄期相同,抗压强度分别为 27.78MPa 和26.89MPa。而从龄期为 3d 开始,10℃条件下磷酸镁水泥的抗压强度大于 20℃条件下的,分别为 46.86MPa 和 44.57MPa。7d 龄期时,温度为 10℃条件下的水泥抗压强度为54.49MPa,而温度为 20℃条件下的水泥抗压强度为 51.7MPa。环境温度为 5℃和 0℃时的水泥抗压强度与环境温度为 10℃或 20℃时相比,都有大幅下降,龄期为 3h 时,5℃和 0℃的水泥抗压强度分别为 5.75MPa 和 2.58MPa,而龄期为 7d 时,5℃和 0℃的水泥抗压强度也只有 39.82MPa 和 37.88MPa,这样的抗压强度与 10℃的水泥相比,存在较大的差距。为了分析出现这种抗压强度差异的原因,分别进行了 XRD 试验和电镜试验,从水化反应生成水化产物方面和微观结构上分析温度对磷酸镁水泥的影响。

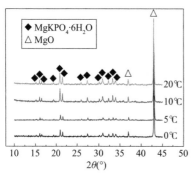

图 3.2　3d 龄期不同温度下 XRD 图谱

为了确定温度对水化程度的影响,对 4 种温度 3d 龄期的试样采样,进行 XRD 试验,分析水化产物生成量在同一龄期的差异,试验结果如图 3.2 所示。

由图 3.2 可知,环境温度的改变对水化产物的种类没有影响,其水化产物仍然是 $MgKPO_4 \cdot 6H_2O$,且存在大量未反应的重烧氧化镁颗粒。为了更好地确定温度对水化程度的影响,对 XRD 图谱进行半定量分析,分析结果如表 3.2 所示。

龄期为 3d 的不同温度下氧化镁和六水磷酸钾镁比例　　　　表 3.2

M/P=3　　W/C=0.16　　B/M=5%			
温度(℃)	20	10	5	0
MgO	65%	67%	75%	77%
$MgKPO_4 \cdot 6H_2O$	35%	33%	25%	23%
强度(MPa)	44.57	46.86	30.25	29.75

由表 3.2 可知,3d 龄期,20℃时水化反应程度最高,生成的水化产物 $MgKPO_4 \cdot 6H_2O$ 含量最高,为 35%,10℃时水化产物 $MgKPO_4 \cdot 6H_2O$ 的含量略低,为 33%,5℃和 0℃时水化产物 $MgKPO_4 \cdot 6H_2O$ 的含量分别为 25% 和 23%。从半定量分析可以看出,20℃和 10℃时水化产物的生成量差距不大,所以 10℃以上的温

度波动对水化产物生成量影响较小,而 5℃ 和 0℃ 时可以看出水化产物 MgKPO$_4$·
6H$_2$O 生成量与 10℃ 和 20℃ 时相比明显减少。这应该是致使其强度显著降低的一项
重要原因,说明低温会使磷酸镁水泥的水化反应速度降低,故同一龄期下温度越
低,水化产物生成量就越小,水泥强度越低。

　　由图 3.1 可知,10℃ 环境温度下 3d 和 7d 龄期的水泥抗压强度均高于 20℃ 环
境温度下 3d 和 7d 龄期的水泥抗压强度,而表 3.2 中 10℃ 的水化反应程度与 20℃
的水化反应程度较为接近,但略低,为了明确这种现象出现的原因,对磷酸镁水泥
10℃ 和 20℃ 不同龄期下的微观结构进行了比较分析,结果如图 3.3 所示。

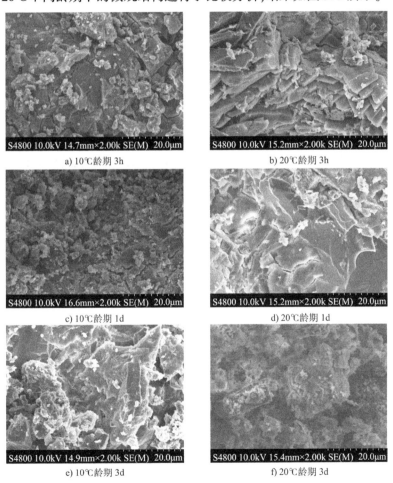

a) 10℃ 龄期 3h　　　　　　　　　　　　　b) 20℃ 龄期 3h

c) 10℃ 龄期 1d　　　　　　　　　　　　　d) 20℃ 龄期 1d

e) 10℃ 龄期 3d　　　　　　　　　　　　　f) 20℃ 龄期 3d

图　3.3

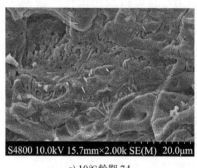 

g) 10℃龄期 7d   h) 20℃龄期 7d

图 3.3   10℃和 20℃两种温度下不同龄期水泥电镜扫描图

由图 3.3 可知,3h 龄期时,10℃的水泥表面附着大量未反应完的 MgO 颗粒和刚生成还未与大块 MgKPO$_4$·6H$_2$O 发生凝结的水化产物,而 20℃的水泥已经生成大量的 MgKPO$_4$·6H$_2$O,且形成了大量片状和棱柱状结构。1d 龄期时,10℃的水泥仍有大量水化产物生成并附着于表面,未与大块 MgKPO$_4$·6H$_2$O 融合,而 20℃的水泥水化产物已经从片状凝结为块状整体。3d 龄期时,10℃的水泥和 20℃的水泥微观结构相似,但相对而言,10℃的水泥比 20℃的水泥的微观结构更致密。7d 龄期时,10℃的水泥中水化产物都紧密地结合在一起,而 20℃的水泥大块水化产物之间还存在一定孔隙。

结合 XRD 试验得出的水化程度结果,通过分析得出,造成这种现象的原因是 10℃时相比于 20℃时,磷酸镁水泥的初始反应温度低。从凝结时间的试验也可以看出,10℃时前期水化反应进行得稍慢一些,所以 3h 和 1d 龄期 20℃的水泥早期强度要高于 10℃的水泥,正是由于前期水化反应稍慢,10℃时磷酸镁水泥水化反应更均匀,反应生成的水化产物 MgKPO$_4$·6H$_2$O 凝结得更好,致密性更高,所以在后期环境温度为 10℃的磷酸镁水泥强度略高于环境温度为 20℃的水泥。但不论是从宏观强度试验还是微观 XRD 试验或电镜试验都可以看出,不论是 10℃还是 20℃,都对磷酸镁水泥的水化反应没有较大的影响,磷酸镁水泥都能比较正常地进行水化反应,生成水化产物,产生强度。

如图 3.1 所示,5℃和 0℃的水泥强度与 10℃和 20℃的水泥强度相比都相对较低,为了研究这种低温条件下强度下降的微观结构原因,对 5℃和 0℃的水泥试件选取龄期为 3d 的进行采样电镜扫描分析,结果如图 3.4 所示。

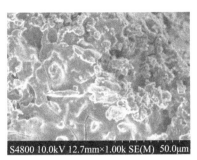

S4800 10.0kV 12.7mm×1.00k SE(M)　50.0μm　　　　S4800 10.0kV 11.6mm×1.00k SE(M)　50.0μm

a) 5℃　　　　　　　　　　　　　　　b) 0℃

图3.4　5℃和0℃两种温度下3d龄期水泥电镜扫描图

由图3.4可以看出,5℃时,生成的水化产物结构与图3.3e)相比,表面附着的小块 $MgKPO_4 \cdot 6H_2O$ 较多,融合性相对较差,但是总体水化产物结构类似,而0℃时,生成的水化产物之间孔隙明显较大,呈蜂窝状,且水化产物之间融合性较差,这样的结构对磷酸镁水泥的强度有着较大的不利影响。

与XRD水化程度分析相结合可以看出,这应该是低温影响了水化反应的速度,导致水化反应的总体进程较慢,使得水化产物之间的融合与10℃和20℃同龄期的相比略差,所以强度略低。低温使得磷酸镁水泥水化反应速度大幅降低,水化产物生成很慢,水化反应的放热量不足,造成了自由水在低温结冰,进一步拖慢了水化反应的进程,水化产物融合性差,孔隙较多,故其强度很低。

通过以上试验发现,在达到常温条件下最优配合比时,磷酸镁水泥具有较高的强度,但是这种配合比对于低温条件下的磷酸镁水泥来说,效果不佳,强度不能满足要求。磷酸镁水泥为常温配合比时,加入缓凝剂硼砂是为了延缓水化反应的发展,减少初期磷酸镁水泥水化反应的放热量,使得磷酸镁水泥具有良好的工作性,同时水化产物能够形成致密的结构,而以上试验说明,低温使得水泥水化反应速度较慢,生成的水化产物不能在水化反应放出热量的促进下发生融合成为整体,而这正是需要减少硼砂的用量才可以解决的。综上所述,对于低温和负温环境来说,常温最优配合比不能满足机场道面快速修复强度要求,需按照温度梯度分别进行研究,故以下章节分别针对低温5℃这一分界点和负温0℃、-5℃、-10℃的磷酸镁水泥性能进行研究。

第二节　低温环境下磷酸镁水泥的性能研究

由于磷酸镁水泥具有温度敏感性,常温条件下的最优配合比并不适用于低温条件,故本节对在冬季施工规范中的分界点5℃环境下,磷酸镁水泥的性能和最优配合比进行研究,为低温磷酸镁水泥的应用提供参考。

第二章已经提到,磷酸镁水泥的配合比主要影响因素为镁磷比、硼砂掺量和水灰比,而镁磷比是水化反应中 MgO 和 KH_2PO_4 的含量比,合适的镁磷比使水化反应具有足够的反应物,确保水化产物的生成,温度的改变对其影响不大,故低温环境下配合比影响因素不考虑镁磷比。由于环境温度的降低对磷酸镁水泥具有缓凝的作用,为了加快磷酸镁水泥的水化反应,应该降低磷酸镁水泥缓凝剂的掺量,故当环境温度为5℃时,选取硼砂掺量为3%～5%。当环境温度较低时,相同配合比条件下,水泥的流动性变得更好,说明水泥浆体中的自由水含量富余,而自由水含量高,不仅会在蒸发后在水泥中留下孔隙,影响水泥的密实度,而且有可能结冰膨胀,破坏水泥内部结构,故5℃环境下水灰比的大小也与常温最优配合比中的有差异,所以选取水灰比为0.14～0.16进行试验,研究水灰比在低温5℃条件下对磷酸镁水泥性能的影响。

一、低温环境下配合比对水泥抗压强度的影响

低温5℃的磷酸镁水泥净浆抗压强度试验方法与常温下的基本相同,只需确保反应材料在试验前静置于5℃环境箱中24h,排除材料本身温度对试验的影响即可。除水泥搅拌过程在净浆搅拌机中完成外,其余试验步骤均在5℃环境箱中完成,试验脱模后,分别测量3h、1d、3d、7d 龄期的净浆水泥抗压强度,每组试验进行3次,结果取平均值,试验结果如表3.3所示。

环境温度5℃时磷酸镁水泥不同配合比对抗压强度的影响　　表3.3

序号	M/P	B/M	W/C	抗压强度(MPa)			
				3h	1d	3d	7d
1	3	5%	0.16	5.75	27	30.25	39.82
2	3	5%	0.15	6.5	28.38	37.25	40.93

续上表

序号	M/P	B/M	W/C	抗压强度(MPa)			
				3h	1d	3d	7d
3	3	5%	0.14	8.5	30.5	40.38	43.5
4	3	4%	0.16	7.25	29.54	32.49	41.94
5	3	4%	0.15	8.43	29.98	38.67	44.12
6	3	4%	0.14	9.6	33.5	44	48.5
7	3	3%	0.16	10.84	28.49	32.16	39.89
8	3	3%	0.15	11.9	27.53	31.48	33.47
9	3	3%	0.14	凝结太快,无法成型			

　　由表3.3可知,磷酸镁水泥在环境温度为5℃的条件下,8号配合比试样3h龄期的早期抗压强度达到最高,为11.9MPa,但此配合比下7d龄期强度最低,这是因为硼砂掺量为3%时,磷酸镁水泥缓凝效果不明显,在早期快速反应中,放出大量热量,所以早期抗压强度表现优异,但正是因为前期反应过快,放热量大,水泥快速凝结,水泥致密性不好,所以后期抗压强度增长缓慢,且早期放热量过大,会导致水泥整体温度过高,在外界温度为5℃的情况下,内外温差过大,使得水泥容易产生裂缝,影响水泥后期抗压强度。试验中,7d龄期水泥抗压强度最高的为6号配合比试样,达到了48.5MPa,该配合比下水泥具有较为优良的早期抗压强度,3h龄期抗压强度为9.6MPa。

　　1. 硼砂掺量对磷酸镁水泥低温抗压强度的影响

　　在5℃低温环境下,选取镁磷比为3、水灰比为0.16的配合比,在不同硼砂掺量的条件下,磷酸镁水泥不同龄期的抗压强度如图3.5所示。

　　由图3.5可知,龄期为3h时,随着硼砂掺量的减小,水泥抗压强度显著增大,故硼砂掺量为3%时,强度最高为10.84MPa。而随着龄期的发展,1～7d龄期均是硼砂掺量为4%的磷酸镁水泥抗压强度最高,硼砂掺量为3%的抗压强度相对降低。这是因为硼砂掺量为5%时,磷酸镁水泥在低温5℃条件下,水化反应较慢,所以强度生成较慢,水泥的密实度较高,而硼砂掺量

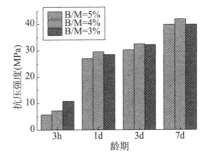

图3.5 低温5℃时硼砂掺量对水泥
抗压强度的影响

为3%时,磷酸镁水泥早期水化反应快速,强度快速生成,但水泥密实度不高,所以后期强度较低。

为了更好地分析硼砂掺量对磷酸镁水泥抗压强度的影响,选取相同龄期不同硼砂掺量的试样进行比较,通过XRD试验分析,并对图谱进行半定量分析,研究低温条件下硼砂掺量变化对水化产物含量的影响。

选取表3.3中1号和4号配合比试样进行XRD试验,不同龄期的试验结果如图3.6所示。

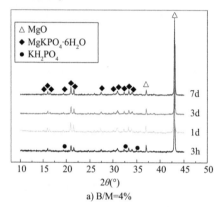 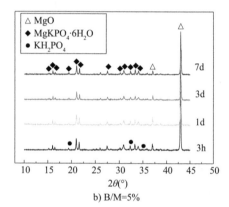

a) B/M=4%　　　　　　　　　　　　　b) B/M=5%

图3.6　不同硼砂掺量不同龄期水泥XRD图谱

通过对不同硼砂掺量的磷酸镁水泥进行XRD试验分析,从水化产物成分上来看,低温条件下,不同硼砂掺量的磷酸镁水泥没有区别,除了3h龄期时,有极少量的KH_2PO_4剩余,其余龄期磷酸镁水泥均是由MgO和$MgKPO_4 \cdot 6H_2O$组成的,且由于3h龄期时KH_2PO_4的含量极少,所以不予考虑。对图3.6进行半定量分析,得出水泥中主要化合物MgO和$MgKPO_4 \cdot 6H_2O$在不同龄期时的含量,如表3.4所示。

水化反应不同龄期化合物含量　　　　　　　　　　　表3.4

龄期	3h		1d		3d		7d	
硼砂掺量	4%	5%	4%	5%	4%	5%	4%	5%
MgO	89%	92%	76%	79%	73%	75%	69%	70%
$MgKPO_4 \cdot 6H_2O$	11%	8%	24%	21%	27%	25%	31%	30%
强度(MPa)	7.25	5.75	29.54	27	32.49	30.25	41.94	39.82

由表3.4可以看出,3h龄期时,硼砂掺量为4%的磷酸镁水泥生成的水化产物$MgKPO_4 \cdot 6H_2O$含量为11%,而硼砂掺量为5%的磷酸镁水泥生成的水化产物

$MgKPO_4 \cdot 6H_2O$ 含量为 8%,这说明硼砂掺量对早期水化反应具有一定影响,与强度试验相结合,可知硼砂掺量为 4% 的水泥强度高于硼砂掺量为 5% 的水泥强度。而随着龄期的发展,硼砂掺量对水化产物含量的影响逐渐减小,1d 龄期时,水化产物 $MgKPO_4 \cdot 6H_2O$ 含量相差 3%,水泥强度相差 2.54MPa;3d 龄期时,水化产物 $MgKPO_4 \cdot 6H_2O$ 含量相差 2%,水泥强度相差 2.24MPa;而 7d 龄期时,水化产物 $MgKPO_4 \cdot 6H_2O$ 含量相差 1%,且水泥强度差距不大,为 2.12MPa。这些结果可以说明,在低温 5℃ 条件下,硼砂掺量越大,水泥早期水化反应产生的水化产物越少,而对 7d 龄期时水化产物的含量影响不大。

为了研究低温条件下硼砂掺量不同导致水泥强度产生差异的原因,还需通过电镜试验,观察低温条件下不同硼砂掺量时水泥的微观结构差异。通过对表 3.3 中不同龄期 1 号和 4 号配合比试样进行试验,得出结果如图 3.7 ~ 图 3.10 所示。

 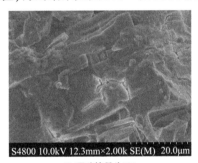

a) 硼砂掺量为4%   b) 硼砂掺量为5%

图 3.7 低温 5℃ 条件下 3h 龄期磷酸镁水泥微观形貌

由图 3.7 可知,3h 龄期时,图 3.7a) 中,快速生成了大量的水化产物 $MgKPO_4 \cdot 6H_2O$,呈棱状,结晶互相交织,形成了初步的网状结构,但是棱状结构较细,同时在下部也有一部分层状水化产物生成。而图 3.7b) 中,水化产物正在不断生成,已生成的水化产物也形成了一定的棱状结构,但是棱状结构相对较少,同时,有一部分刚生成的水化产物附着在表面。

由图 3.8 可以看出,经过了 1d 龄期的发展,图 3.7a) 中的棱状结构互相交织,且不断变粗、变大形成了图 3.8a) 中的微观形貌,这说明还有大量的水化产物生成,且水化产物发生融合,形成了大量片状和块状的 $MgKPO_4 \cdot 6H_2O$,水泥微观结构愈发致密。图 3.8b) 中,早期生成的水化产物也已经形成了块状 $MgKPO_4 \cdot 6H_2O$,而刚生成的水化产物以不规则形式附着于表面,微观结构致密性略差于图 3.8a)。

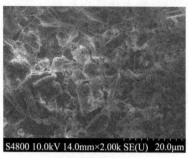
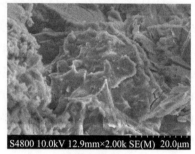

a) 硼砂掺量为4%　　　　　　　　　　　　b) 硼砂掺量为5%

图3.8　低温5℃条件下1d龄期磷酸镁水泥微观形貌

由图3.9可以看出,3d龄期时,图3.9a)中新生成的附着于表面的水化产物已经大量融合,同时形成了以 $MgKPO_4 \cdot 6H_2O$ 棱状、块状结构交织为核心的整体,水化产物间孔隙减小,微观结构更为致密。图3.9b)中附着于表面的水化产物也与块状水化产物融合,形成了表面凹凸不平的块状结构。

a) 硼砂掺量为4%　　　　　　　　　　　　b) 硼砂掺量为5%

图3.9　低温5℃条件下3d龄期磷酸镁水泥微观形貌

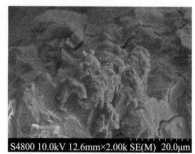

a) 硼砂掺量为4%　　　　　　　　　　　　b) 硼砂掺量为5%

图3.10　低温5℃条件下7d龄期磷酸镁水泥微观形貌

由图 3.10 可知,7d 龄期时,图 3.10a)中水化产物结构致密以棱状结构融合为主体,水化产物之间的孔隙较少且较小。图 3.10b)中水化产物以块状结构为整体,但是水化产物之间孔隙较多,分布于整块水化产物上,且个别部位的孔隙较大,会对水泥的微观结构造成一定影响。

从以上 4 个电镜扫描图可以看出,当硼砂掺量不同时,生成的水化产物 $MgKPO_4 \cdot 6H_2O$ 的微观结构略有区别。硼砂掺量为 4% 时主要生成的是棱状水化产物,由于硼砂掺量低,早期水化反应快速,有大量的棱状水化产物生成,随着龄期的发展,棱状水化产物变粗、变大,且相互融合,结构变得更密实;而硼砂掺量为 5% 时,早期水化反应较慢,当小块水化产物生成之后,新生成的水化产物先是附着于其上,然后两者慢慢融合,块状水化产物随着融合的数量越来越多,慢慢变大,且块状水化产物之间也不断融合,但是块状结构之间孔隙较多,且有些大的孔隙会对水泥强度产生影响。

综上所述,硼砂掺量为 4% 时,对于 5℃ 的磷酸镁水泥,其水化反应的缓凝效果适中,水化产物有着较为密实的微观结构,在三种硼砂掺量中强度较高。

2. 水灰比对磷酸镁水泥低温抗压强度的影响

在 5℃ 低温环境下,选取镁磷比为 3、硼砂掺量为 4% 的配合比,在不同水灰比的条件下,磷酸镁水泥不同龄期的抗压强度如图 3.11 所示。

由图 3.11 可知,低温 5℃ 环境下的规律与常温条件下相同,在磷酸镁水泥缓凝效果较好时,水灰比越小,水泥抗压强度越高,因为 5℃ 环境下,水还不会发生相变现象,不会因为相变的体积膨胀对水泥内部产生破坏,所以其规律与常温条件下的相同。且从图中可以看出,随着龄期的发展,不同水灰比水泥的后期强度差距逐渐增大,龄期为 7d 且水灰比为 0.14 时的最大抗压强度达到了 48.5MPa,这与常温条件

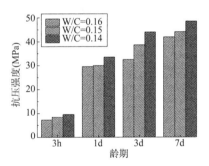

图 3.11　低温 5℃ 时水灰比对水泥
抗压强度的影响

下最优水灰比时 7d 龄期的抗压强度 51.7MPa 相差不大。所以从强度角度来看,低温 5℃ 的磷酸镁水泥,在调整了水泥配合比之后,也具有较为优越的水泥强度,可以直接应用于一些对强度要求不太高的工程中。

为了更好地分析低温 5℃条件下水灰比对磷酸镁水泥强度的影响,选取不同水灰比的试样在相同龄期时进行 XRD 试验分析,并对图谱进行半定量分析,研究低温条件下水灰比变化对水化产物含量的影响。

试验选取 1 号和 3 号试样进行 XRD 试验,3 号试样不同龄期的 XRD 图谱如图 3.12a)所示,1 号试样不同龄期的 XRD 图谱如图 3.12b)所示。

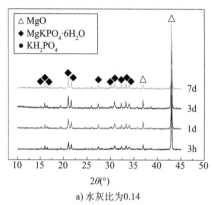
a) 水灰比为0.14

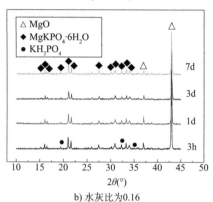
b) 水灰比为0.16

图 3.12　不同水灰比各龄期 XRD 图谱

由图 3.12 可知,在不同水灰比条件下水化产物成分没有区别,主要水化产物都为 $MgKPO_4 \cdot 6H_2O$,其中还有部分未参与反应的 MgO,但在 3h 龄期时,还有少量未反应的 KH_2PO_4,由于量较少,不予考虑。通过对图 3.12 中 XRD 图谱进行半定量分析,得到不同龄期时不同水灰比条件下水泥中 MgO 和 $MgKPO_4 \cdot 6H_2O$ 两种化合物的含量,如表 3.5 所示。

水化反应不同龄期化合物含量　　　　　　　　　　　　　　表 3.5

龄期	3h		1d		3d		7d	
水灰比	0.14	0.16	0.14	0.16	0.14	0.16	0.14	0.16
MgO	91%	92%	81%	79%	77%	75%	71%	70%
$MgKPO_4 \cdot 6H_2O$	9%	8%	19%	21%	23%	25%	29%	30%
强度(MPa)	8.5	5.75	30.5	27	40.38	30.25	43.5	39.82

从表 3.5 中可以看出,3h 龄期时,水灰比为 0.14 的水泥中水化产物 $MgKPO_4 \cdot 6H_2O$ 的含量为 9%,略高于水灰比为 0.16 的水泥中水化产物 $MgKPO_4 \cdot 6H_2O$ 的含量(8%),这是因为早期反应时,自由水都较为充足,而水灰比为 0.14 时,单位体积内的水化反应进行得更完全,所以水化反应放出的热量

较水灰比为 0.16 时更集中,这些热量会促进水化反应的进行,所以水灰比为 0.14 时,水化产物生成量较大。而随着龄期的发展,1d 龄期时,水灰比为 0.16 的水泥中水化产物 $MgKPO_4 \cdot 6H_2O$ 的含量为 21%,高于水灰比为 0.14 的水泥中水化产物 $MgKPO_4 \cdot 6H_2O$ 的含量(19%),这是因为随着水化反应的进行,水灰比为 0.16 时自由水相比于水灰比为 0.14 时更充足,能够更好地支持水化反应的进行,所以水化产物生成量略高,但是也相差不大。3d 和 7d 龄期时,水灰比为 0.16 和 0.14 的水泥水化产物 $MgKPO_4 \cdot 6H_2O$ 含量相差均较小。所以在低温条件下,水灰比对磷酸镁水泥的水化产物生成量影响不大,从变化规律可以看出,水灰比越大,水化产物生成量越大,随着龄期的增大,水化产物生成量的差距逐渐减小。

而从强度可以明显看出,水灰比越小,水泥强度越高,故对水泥样本进行电镜试验,观察低温 5℃ 条件下水灰比对水泥微观结构的影响,通过在不同龄期对 1 号和 3 号样本进行试验,得出结果如图 3.13 ~ 图 3.16 所示。

a) 水灰比为0.14　　　　　　　　　b) 水灰比为0.16

图 3.13　低温 5℃ 条件下 3h 龄期磷酸镁水泥微观形貌

由图 3.13 可知,3h 龄期时,图 3.13a)中水化产物和未反应的氧化镁紧密簇拥在一起,形成了致密的团块状结构,而图 3.13b)中水化产物以棱状结构相互交织。对比两图,可明显看出水灰比为 0.14 时,水泥孔隙更小,单位体积内的水泥致密性更好,而水灰比为 0.16 时,水化产物间孔隙较多,且较大,微观结构较为疏松。

由图 3.14 可知,1d 龄期时,图 3.14a)中的水化产物团簇在一起,已经形成了一定的块状结构,且新生成的水化产物正在以网状形态发生着融合,整体结构密集、规整。图 3.14b)中,块状水化产物错乱地融合在一起,形成了凹凸不平的表面,新生成的水化产物附着于其表面。

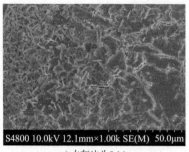
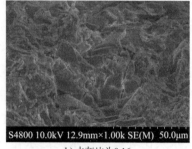

a) 水灰比为0.14 b) 水灰比为0.16

图 3.14　低温 5℃条件下 1d 龄期磷酸镁水泥微观形貌

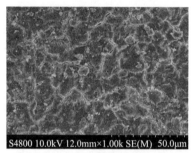

a) 水灰比为0.14 b) 水灰比为0.16

图 3.15　低温 5℃条件下 3d 龄期磷酸镁水泥微观形貌

　　由图 3.15 可知,3d 龄期时,图 3.15a)中水化产物融合较好,已经基本完成了网状形貌向块状整体的转变,结构密实,整体性较好。图 3.15b)中水化产物的融合相对较差,从图中可以看出明显的孔洞,且水化产物参差不齐地附着于表面,造成多处孔隙。

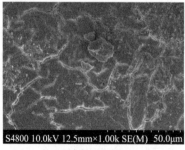

a) 水灰比为0.14 b) 水灰比为0.16

图 3.16　低温 5℃条件下 7d 龄期磷酸镁水泥微观形貌

由图 3.16 可知,7d 龄期时,图 3.16a) 中水化产物转化为大块状形态,在 1000 倍摄像头下观察,其表面较为平整、规则,说明水化产物之间的融合较好,未完成融合的水化产物之间缝隙较小,结构内部密实性较好。而从图 3.16b) 中可以看到,水化产物较为杂乱地附着在表面,形成了凹凸不平的表面结构,这种较为单薄的突起,在力学结构上,没有块状整体的性能好,且水化产物表面孔隙较多,缝隙较大。

从以上电镜扫描图片可以看出,水灰比不同对水泥不同龄期的微观形貌会产生一定影响。水灰比小时,单位体积内水化产物生成量多,则水化产物间距较小,更容易发生融合,且融合后结构更为致密,最后生成的水化产物整体性较高,所以强度较高。而水灰比较大时,单位体积内水化产物生成量减少,虽然水化产物增多,但是水化产物之间离散性较大,这会使得水化产物之间的融合距离较远,不利于水化产物的融合,且会使水化产物之间缝隙较大,影响水泥的强度。

所以,虽然水灰比为 0.16 时水化程度高于水灰比为 0.14 时,但是水泥抗压强度正好相反,这是由水灰比不同引起的水泥微观结构差异造成的。故在一定范围内,水灰比越小,水泥抗压强度越高。

通过分析硼砂掺量和水灰比对水泥低温抗压强度的影响,可以得出,对于低温条件下的磷酸镁水泥而言,水化产物含量对其强度具有一定影响,但是影响较小,低温下水泥的强度主要由不同配合比造成的微观结构决定。低温条件下,硼砂掺量小时,以棱状水化产物为主,随着龄期发展,棱状水化产物壮大,最后融合,结构内部密实性好,强度较高。硼砂掺量大时,以块状水化产物为主,随着龄期的发展,块状水化产物逐渐壮大和融合,但是块状水化产物的融合速度较慢,且水化产物之间的缝隙较多,对强度有一定影响。水灰比大时,水化产物生成后离散性较大,单位体积内水化产物含量少,整体结构疏松,影响水泥强度。水灰比较小时,水化产物团簇性好,相互之间距离较短,更容易发生融合,形成大块完整的水化产物,这样生成的水化产物强度较高。所以可通过微观分析得出,在 5℃ 环境下硼砂掺量为 4%、水灰比为 0.14 的条件下,水泥具有较为优良的微观结构,这与由宏观强度试验得出的结论相符。

二、低温环境下配合比对水泥水化温度的影响

常温条件下最优配合比的磷酸镁水泥水化放热情况已经在前面章节进行了相

应研究。为了方便叙述,此处将环境温度5℃定义为低温。通过前期试验发现,低温5℃条件下,常温最优配合比的磷酸镁水泥力学性能较差,而对于磷酸镁水泥来说,之所以可以在低温环境中应用,就是因为在低温下仍然可以发生水化反应,放出热量,所以研究磷酸镁水泥低温5℃条件下的水化温度是必要的。

水化热试验方法与常温试验方法相同,如第二章所述,区别是将恒温水槽温度调整为5℃来模拟环境温度。为了研究水泥配合比中各因素对水化放热的影响,选取低温下水泥配合比如表3.6所示。

低温下水泥配合比   表3.6

序　号	M/P	B/M	W/C
1	3	5%	0.14
2	3	5%	0.15
3	3	5%	0.16
4	3	4%	0.14
5	3	4%	0.15
6	3	4%	0.16

1. 低温条件下硼砂掺量对水泥水化温度的影响

选取表3.6中1和4、2和5、3和6(每组均是镁磷比相同,水灰比相同,只有硼砂掺量不同)进行水泥水化温度测试,温度监测时间为7d,试验结果如图3.17 ~ 图3.19所示。

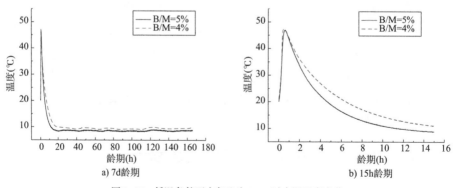

a) 7d龄期　　　　　　　　　　　b) 15h龄期

图3.17　低温条件下水灰比为0.14时水泥温度变化

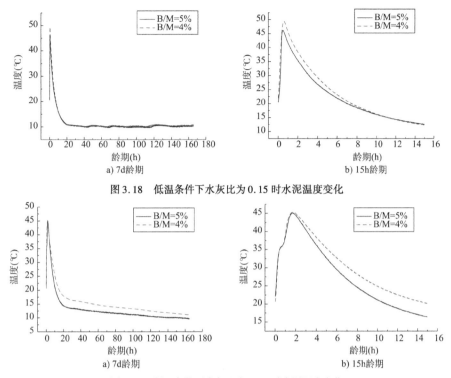

图 3.18 低温条件下水灰比为 0.15 时水泥温度变化

图 3.19 低温条件下水灰比为 0.16 时水泥温度变化

由图 3.17~图 3.19 可知,在同为 5℃低温条件下,硼砂掺量对磷酸镁水泥的水化反应温度有着显著的影响。三组试验中,相同镁磷比和水灰比下,硼砂掺量为 4%时的水泥水化反应温度均高于硼砂掺量为 5%时的水泥水化反应温度。从 15h 龄期水泥温度变化图中可以看出,硼砂掺量为 4%的磷酸镁水泥在低温下均能够更快到达温度峰值,且其温度峰值高于硼砂掺量为 5%的磷酸镁水泥,这说明在水化反应前期,低硼砂掺量对水化反应的抑制作用小,能够起到一定缓凝作用。但是从图中也可看出,除了图 3.18b)中硼砂掺量使得水泥早期温度相差较大以外,图 3.17b)和图 3.19b)中硼砂掺量对早期水泥温度的影响不大。这是因为磷酸镁水泥早期反应较快,一旦 MgO 和 KH_2PO_4 两种材料发生混合,就开始快速放热,且搅拌应用净浆搅拌机完成,这一过程中无法保证低温环境,所以会使得早期水化温度存在一定误差,且反应早期 4%和 5%的硼砂掺量均会对水化反应产生一定的抑制作用,但是因为硼砂掺量相差不大,所以表现不明显。故这两种情况,造成了两种硼砂掺量对早期水泥温度影响差距较小。而从 7d 龄期水泥温度变化图中可以看出,硼砂掺量为4%的不同水灰比水泥,温度均高于硼砂掺量为5%的水泥,且除了水灰比为0.16时,其他配合比的水泥温度均在20h左右趋于平稳,而这个平稳点并非设置的恒温水槽温度5℃,这说明水泥水化放热的温度已经稳定,且是和外界低温发生热交换形成的平衡点,这个平衡点在后期一直持续,说明水泥的水化反应一直稳定进行,到7d龄期时仍没有终止。而硼砂掺量小的配合比水泥温度平衡点高于硼砂掺量大的配合比水泥,这也说明了硼砂掺量不仅在早期水化反应中对磷酸镁水泥有抑制作用,在后期还会持续影响水泥的水化放热反应。

综上所述,在低温条件下,硼砂掺量越小,水泥在后期水化反应中水化温度的稳定点越高,即水泥温度越高。

2. 低温条件下水灰比对水泥水化温度的影响

选取表3.6中的1、2、3为第一组,4、5、6为第二组,每组试验中硼砂掺量相同,水灰比不同。在低温环境中,相同硼砂掺量下比较水灰比差异对磷酸镁水泥水化反应温度的影响,试验结果如图3.20、图3.21所示。

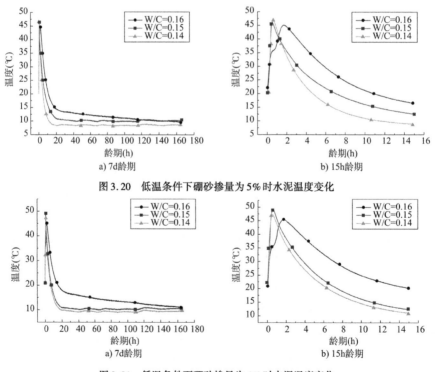

图3.20 低温条件下硼砂掺量为5%时水泥温度变化

图3.21 低温条件下硼砂掺量为4%时水泥温度变化

由图 3.20 和图 3.21 可知,两种硼砂掺量条件下整体趋势均为水灰比越大,水泥的温度越高。从图 3.20b) 和图 3.21b) 可知,水泥早期水化反应中,水灰比为 0.15 和 0.14 时,水泥温度的峰值相差不大,且两幅图中达到峰值的时间较为接近,造成这一现象的原因之前已经分析过。而从两幅图中可以明显看出,不论是哪种硼砂掺量,水灰比为 0.16 时的温度峰值都为最低,且可以明显看到,水灰比为 0.16 的曲线在 1h 龄期左右的位置,出现了一个延缓点,早期快速升温,但在这一点后,温度变化速度减小,然后再次快速升温。这是因为当水灰比变大时,单位体积内发生水化反应生成水化产物导致密度减小,相比于 0.14 和 0.15 两种水灰比条件下时,水化反应的发生位置相对分散,这使得反应放出的热量相对分散,而温度的升高可以促进水化反应的进行,这种热量分散的现象,使短期升温对水化反应的促进无法实现,同时,由于水泥浆体中的自由水增多,自由水除了参与水化反应外,还会起到一定的降温作用,所以会出现温度上升途中速率变缓的现象。而水灰比为 0.14 和 0.15 时,都没有产生这种现象,说明在低温 5℃ 环境下,0.16 的水灰比对水化反应来说,水含量较为富余。而在温度上升变缓后又快速升温则是因为随着水化反应的继续进行,水化反应的发生位置在水泥浆体中更加密集,才造成了热量集中对水化反应的促进。从两种硼砂掺量组可以看出,早期反应 2h 龄期之后,均为水灰比越大,水泥稳定点温度越高。

所以在低温环境中,水灰比越大,水泥在后期水化反应中水化温度的稳定点越高,即水泥温度越高,且水灰比过大还会对前期水化温度造成一定影响。

三、低温环境下配合比对水泥化学收缩的影响

前面章节已经提到,磷酸镁水泥对温度具有较高的敏感性,为了具体研究低温条件下磷酸镁水泥净浆中配合比对水泥化学收缩的影响,进行了 5℃ 低温环境下不同配合比磷酸镁水泥的化学收缩试验。而通过低温强度试验可以看出,环境温度为 5℃ 条件下,硼砂掺量为 3% 的水泥强度较差,故主要对 4% 和 5% 两种硼砂掺量,0.14、0.15、0.16 三种水灰比进行水泥化学收缩试验。试验方法和数据处理方法与常温条件下相同,只需将环境箱温度调为 5℃ 恒温模拟自然环境即可,将 1h 液位记为 0 点,前 8h 每 1h 记录一次液位高度,8h 后每 24h 记录一次液位高度。因为磷酸镁水泥为快硬快凝水泥,故本书只对 7d 龄期前的水泥化学收缩进行研究,试

验结果如表 3.7 所示。

低温 5℃不同硼砂掺量和水灰比磷酸镁水泥化学收缩试验结果　　　表 3.7

时间（h）	$CS(t)\,(mL \cdot 100g^{-1})$					
	硼砂掺量为 5%			硼砂掺量为 4%		
	W/C = 0.14	W/C = 0.15	W/C = 0.16	W/C = 0.14	W/C = 0.15	W/C = 0.16
1	0	0	0	0	0	0
2	0.156	0.167	0.175	0.199	0.203	0.233
3	0.235	0.245	0.263	0.318	0.324	0.388
4	0.313	0.333	0.350	0.397	0.486	0.543
5	0.391	0.422	0.438	0.477	0.567	0.620
6	0.469	0.490	0.526	0.556	0.647	0.698
7	0.547	0.588	0.613	0.636	0.647	0.698
8	0.626	0.686	0.701	0.636	0.728	0.776
24	1.407	1.569	1.577	1.430	1.538	1.861
48	1.720	2.059	2.015	1.907	2.145	2.521
72	2.111	2.451	2.453	2.224	2.387	2.793
96	2.424	2.843	2.804	2.463	2.590	2.948
120	2.658	3.039	3.066	2.622	2.752	3.103
144	2.893	3.088	3.198	2.979	2.994	3.258
168	3.049	3.137	3.285	3.098	3.156	3.336

1. 低温条件下硼砂掺量对水泥化学收缩的影响

通过前期试验发现低温环境下,磷酸镁水泥的凝结时间比常温下相同配合比磷酸镁水泥显著增长,且流动性提高,低温在反应中起到了一定的缓凝效果。所以低温环境下与常温环境下的最优硼砂掺量也会有所差别,以表 3.7 试验结果为例,研究低温条件下,水泥水灰比相同时,硼砂掺量对水泥化学收缩的影响规律,如图 3.22 所示。

由图 3.22 可知,低温条件下硼砂掺量对水泥化学收缩的影响主要发生在水泥水化反应的早期,而对 7d 龄期的水泥化学收缩影响较小。相同水灰比条件下,化学收缩值与硼砂掺量成反比,硼砂掺量越大,早期的化学收缩值越小,这是因为硼砂作为缓凝剂存在于磷酸镁水泥体系中,当硼砂掺量大时,缓凝效果较为明显,早期的水化反应相比硼砂掺量小时较慢,生成的水化产物少,所以水化反应的早期化学收缩值较小,24h 龄期之前,硼砂掺量为 4% 的水泥化学收缩值均大于硼砂掺量为 5% 的水泥化学收缩值。且硼砂掺量对低温条件下相同水灰比的磷酸镁水泥后期化学收缩值影响不大,7d 龄期时,硼砂掺量为 4% 和 5% 的水泥化学收缩值相差不大。所以在低温环境下,硼砂掺量会影响早期磷酸镁水泥化学收缩,硼砂掺量越大,早期化学收缩值越小,而对磷酸镁水泥水化反应后期化学收缩影响不明显,但从总体规律来看,还是硼砂掺量越小,磷酸镁水泥的化学收缩值越大。

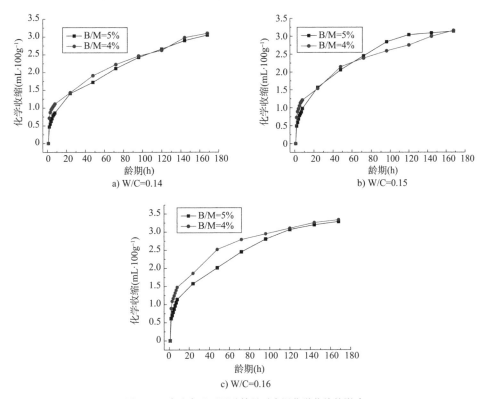

图 3.22 各水灰比下硼砂掺量对水泥化学收缩的影响

2. 低温条件下水灰比对水泥化学收缩的影响

通过试验发现低温 5℃ 环境下,磷酸镁水泥的最优水灰比与常温环境下不同,以表 3.7 试验结果为例,对相同硼砂掺量、不同水灰比的水泥化学收缩进行比较,研究水灰比在低温环境下对水泥化学收缩的影响,如图 3.23 和图 3.24 所示。

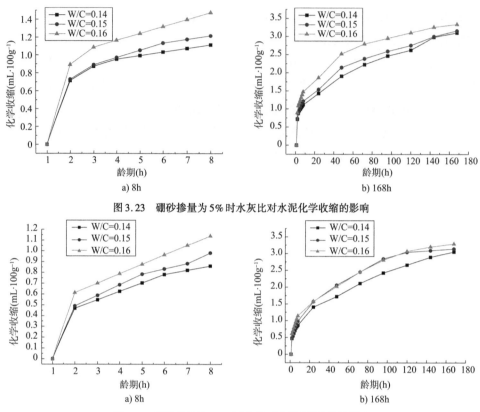

图 3.23　硼砂掺量为5%时水灰比对水泥化学收缩的影响

图 3.24　硼砂掺量为4%时水灰比对水泥化学收缩的影响

由图3.23a)和图3.24a)可知,低温5℃环境下,各水灰比条件下水泥均为前期化学收缩变化较快,随着龄期发展,化学收缩增长速度逐渐变缓。从图3.23a)和图3.24a)可以看出,水化反应早期,各水灰比下的水泥化学收缩值相差较小,这是因为早期水化反应时,参与水化反应的自由水较为充足,且水灰比越小,单位体积内的水化产物越密集,水化反应放出的热量促进反应的进行,所以各水灰比的水泥化学收缩值相差不大。而随着龄期的发展,水灰比大且自由水多的优势开始凸显,各水灰比的水泥化学收缩值差距变大,水灰比大的水泥化学收缩值变化快,水灰比小的水泥化学收缩值变化慢。而图3.23b)和图3.24b)中化学收缩值也基本符合水灰比越大,化学收缩值变化越快的变化规律,最终7d龄期时,硼砂掺量为4%、水灰比为0.16的水泥化学收缩值最大,为3.336mL·100g^{-1},而硼砂掺量为5%、水灰比为0.14的水泥化学收缩值最小,为3.049mL·100g^{-1}。由此可知,在低温环境下,硼砂掺量越小,水泥的化学收缩值越大;水灰比越大,水泥的化学收缩值越大。

第三节　负温环境下磷酸镁水泥的性能研究

前面章节对磷酸镁水泥常温和低温性能都进行了较为系统的研究,本节主要对磷酸镁水泥负温性能进行研究。通过之前的试验发现,磷酸镁水泥对温度的敏感度较高,温度不同,水泥的配合比和性能也会存在一定差异,如果对每个温度都进行试验研究,工作量大,故选取5℃为一个台阶,主要研究0℃、-5℃和-10℃时磷酸镁水泥的性能。

一、负温环境下配合比对水泥抗压强度的影响

负温环境下配合比对水泥净浆抗压强度的影响主要考虑3个因素,分别为温度、硼砂掺量和水灰比,每个因素都存在多个水平,故本节采用正交试验法进行影响因素分析。正交试验是一种科学的研究多因素多水平的试验方法,可以有效减少不必要的试验量,更科学、高效和经济。前面的试验中,5℃环境温度下,硼砂掺量为3%的水泥凝结时间较短,硬化较快,特别是在水灰比为0.14的条件下无法成型。而通过试验发现,当环境温度下降到0℃时,硼砂掺量为3%、水灰比为0.14的磷酸镁水泥相比于5℃时,工作性明显提高,说明硼砂和温度都可以对磷酸镁水泥起到缓凝的作用,此时的磷酸镁水泥处于复合缓凝的条件下,所以需用正交试验法对影响水泥强度的因素进行分析。通过前期试验,最终确定,硼砂掺量分别选取3%、4%、5%三个水平,水灰比选取0.14、0.15、0.16三个水平。正交试验因素水平表如表3.8所示。

正交试验因素水平表　　　　　　表3.8

水　平	因　　素		
	温度 A(℃)	水灰比 B	硼砂掺量 C(%)
1	0	0.16	5
2	-5	0.15	4
3	-10	0.14	3

由于本试验为三因素三水平正交试验,故采用 $L_9(3^4)$ 正交试验安排表,如表3.9所示。三种因素分别为温度 A、水灰比 B 和硼砂掺量 C。如果进行全面试验,则需进行 $3^3 = 27$ 次试验才能得出各种因素对磷酸镁水泥强度的影响规律,而正交试验法只需进行 9 次试验即可。这是将原本需要进行的大量试验,依据"整齐可比性"和"均衡分散性"将其转换为具有代表性的关键点进行试验,可以有效提高试验效率和节约试验资源,且依据正交理论可以很好地反映出各因素和水平对磷酸镁水泥强度的影响。

$L_9(3^4)$ 正交试验安排表 表3.9

试 验 号	温 度 A	水灰比 B	硼砂掺量 C	空 列
1	1	1	1	1
2	1	2	2	2
3	1	3	3	3
4	2	1	2	3
5	2	2	3	1
6	2	3	1	2
7	3	1	3	2
8	3	2	1	3
9	3	3	2	1

根据 $L_9(3^4)$ 正交试验安排表一共进行 9 组试验,每组试验测试 3 个龄期,分别为 1d、3d、7d。为减少误差,每组试验制作 3 个试件同时进行测试,最终结果取平均值。由于每组配合比试验都进行了 3 个龄期的抗压强度测试,所以需对每个龄期的抗压强度进行正交分析,$\overline{K}_i^1 (i = 1,2,3)$ 为 1d 龄期各个水平的平均值,R^1 为 1d 龄期各因素对应各水平的极差;$\overline{K}_i^2 (i = 1,2,3)$ 为 3d 龄期各个水平的平均值,R^2 为 3d 龄期各因素对应各水平的极差;$\overline{K}_i^3 (i = 1,2,3)$ 为 7d 龄期各个水平的平均值,R^3 为 7d 龄期各因素对应各水平的极差。试验结果如表 3.10 所示。

净浆抗压强度正交试验结果 表3.10

试验号	因 素			抗压强度(MPa)		
	A	B	C	1d	3d	7d
1	A1	B1	C1	13.17	29.75	37.88
2	A1	B2	C2	14.23	32.43	41.94
3	A1	B3	C3	16.62	37.23	47.28
4	A2	B1	C2	10.5	27.63	29.64
5	A2	B2	C3	12.25	28.25	30.75
6	A2	B3	C1	8.75	29.97	33.25
7	A3	B1	C3	4.68	9.87	12.41
8	A3	B2	C1	3.14	9.96	13.84
9	A3	B3	C2	5.29	11.73	14.43
$\overline{K}_1^1$	14.67	9.45	8.35			
$\overline{K}_2^1$	10.5	9.87	10.01			
$\overline{K}_3^1$	4.37	10.22	11.18			
R^1	10.3	1.14	2.83			
$\overline{K}_1^2$	33.14	22.42	23.23			
$\overline{K}_2^2$	28.62	23.55	23.93			
$\overline{K}_3^2$	10.52	26.31	25.12			
R^2	22.62	3.89	1.89			
$\overline{K}_1^3$	42.37	26.64	28.32			
$\overline{K}_2^3$	31.21	28.84	28.67			
$\overline{K}_3^3$	13.56	31.65	30.15			
R^3	28.81	5.01	1.83			

由表3.10可知,在不同龄期时,受各因素影响,水泥抗压强度极差存在一定差异,1d龄期时温度极差为10.3MPa、水灰比极差为1.14MPa、硼砂掺量极差为2.83MPa,三种因素对抗压强度的影响程度为温度>硼砂掺量>水灰比;3d龄期时温度极差为22.62MPa、水灰比极差为3.89MPa、硼砂掺量极差为1.89MPa,三种因素对抗压强度的影响程度为温度>水灰比>硼砂掺量;7d龄期时温度极差为28.81MPa,水灰比极差为5.01MPa,硼砂掺量极差为1.83MPa,三种因素对抗压强

度的影响程度为温度 > 水灰比 > 硼砂掺量。

　　如图 3.25 所示,从 3 个龄期的极差可以看出,对于磷酸镁水泥的强度来说,影响最大的为环境温度。环境温度对磷酸镁水泥强度起决定性作用,极差不断变大,说明水泥强度差距随着龄期的发展在不断变大,所以对于磷酸镁水泥的后期强度非常不利。在 1d 龄期时,硼砂掺量对磷酸镁水泥强度的影响大于水灰比,这是因为温度较低时,水化反应速度明显减慢,故 1d 龄期仍可以作为水化反应的早期,而硼砂本身即作为缓凝剂在体系中出现,其作用时间主要是水化反应早期,所以硼砂掺量对磷酸镁水泥强度的影响比水灰比的影响程度大。3d 和 7d 龄期时水灰比对磷酸镁水泥强度的影响大于硼砂掺量,这是因为 3d 龄期以后,水泥水化反应进入中后期,硼砂对水泥的缓凝作用逐渐变弱,此时水灰比对水泥强度的影响相对较大。

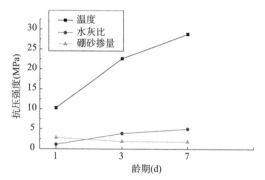

图 3.25　三种因素不同龄期的极差关系

　　如图 3.26a)所示,温度对水泥强度的影响非常大,0℃时,水泥强度能随着龄期的发展有较大的提高,变化规律与低温 5℃条件下较为类似;−5℃时,水泥强度也会随龄期的延长而提高,但是从图 3.26a)中可以看出水泥后期 3 ~ 7d 龄期增幅较小,说明 −5℃时,水泥受负温的影响程度逐渐增大;−10℃时,随着龄期发展,水泥强度提高很慢,整体强度很低,7d 龄期仍低于 0℃环境下 1d 龄期的水泥强度,说明 −10℃时,水泥受外界环境温度影响非常大,如果没有对其进行养护处理,则不能满足力学性能要求。从图 3.26b)中可以看出水灰比对水泥强度的影响,龄期越长,影响程度越大。1d 龄期时,随着水灰比的增大,水泥强度降低,但是三个水灰比的水泥强度相差不大;而 3d 龄期时,随着水灰比增大,水泥强度仍然降低,但是可以明显看出,三个水灰比的水泥强度差距增大;7d 龄期与 3d 龄期水泥强度变化规律相同。所以负温环境下,水灰比越大,水泥强度越低,随着龄期的发展,水灰比对水泥强度的影响越来越大。由图3.26c)可知,硼砂掺量对水泥温度的影响与水灰比正好相同,三种硼砂掺量中,3d和7d龄期水泥强度差距较小,而1d龄期时硼砂掺量对强度的影响最大,故在负温环境下,硼砂掺量越大,水泥强度越低,并且随着龄期的发展,这种影响逐渐减小。

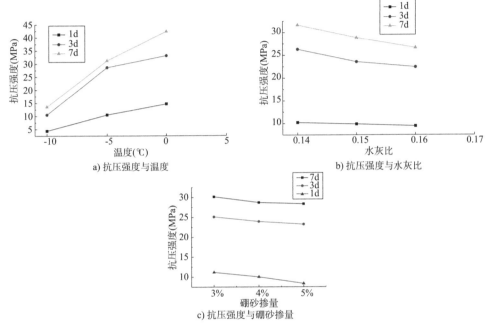

图3.26　抗压强度与正交试验各因素的关系

为了更好地了解负温时温度和各掺量对水泥性能的影响,分别选取同一温度下不同硼砂掺量试样和不同温度的试样,进行微观试验分析,并从微观角度表征水泥强度差异的原因。

(1)同温度下不同硼砂掺量对水泥性能的影响。

选取环境温度为0℃下的1、2、3三组试验样品,通过正交试验得出1d龄期时,硼砂掺量对磷酸镁水泥的影响较大,水灰比对磷酸镁水泥的影响较小;而7d龄期时,水灰比对磷酸镁水泥影响较大,硼砂掺量对磷酸镁水泥影响较小;只有3d龄期时,两个因素对水泥都有一定影响,所以采样时,选取3d龄期的试验样品进行XRD试验和电镜试验。

XRD 试验结果如图 3.27 所示。

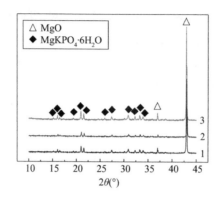

图 3.27 0℃环境下 3d 龄期各配合比水泥的 XRD 图谱

从 XRD 图谱可以看出,三个配合比的水泥在 0℃环境下的主要化合物仍是 MgO 和 $MgKPO_4 \cdot 6H_2O$,其没有因为温度的降低而产生其他化合物。然后对 XRD 图谱进行半定量分析,各配合比下的水泥各成分比例如表 3.11 所示。

0℃环境下 3d 龄期水泥各成分比例   表 3.11

龄期	3d		
试样	1	2	3
MgO	77%	79%	80%
$MgKPO_4 \cdot 6H_2O$	23%	21%	20%
强度(MPa)	29.75	32.43	37.23

由表 3.11 可知,在环境温度为 0℃的条件下,3d 龄期时,1 号试样即水灰比为 0.16、硼砂掺量 5%配合比下生成的水化产物含量最高,为 23%;2 号试样即水灰比为 0.15、硼砂掺量 4%配合比下生成的水化产物含量为 21%;而 3 号试样即水灰比为 0.14、硼砂掺量 3%配合比下生成的水化产物含量最低,为 20%。所以在 0℃条件下,龄期为 3d 时,硼砂掺量对水化反应的影响减小,水灰比对水化反应的影响增大,但三种配合比下水化产物的含量相差不大。结合水泥强度可以看出,水灰比和硼砂掺量小的 3 号试样,其强度值远远大于水灰比和硼砂掺量最大的 1 号试样,说明 0℃环境温度下 3d 龄期时决定水泥强度的不是水化反应产生的水化产物含量,而应该为水泥微观结构。

对 3 组试样进行电镜试验,比较 0℃下各配合比的水泥微观结构的差异,试验结果如图 3.28~图 3.30 所示。

a) 1000 倍

b) 2000 倍

图 3.28　1 号试样 3d 龄期水泥微观形貌

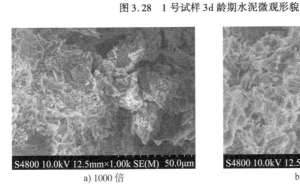
a) 1000 倍

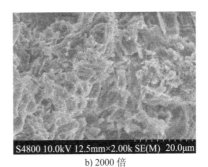
b) 2000 倍

图 3.29　2 号试样 3d 龄期水泥微观形貌

a) 1000 倍

b) 2000 倍

图 3.30　3 号试样 3d 龄期水泥微观形貌

由图 3.28 可知,1 号试样表面存在大量水化产物 $MgKPO_4 \cdot 6H_2O$,这些水化产物以小块状结晶形式存在,通过每个块状结晶可以看到其相对独立的完整形貌,而块状结晶相互粘连,形成了整体的大块状结构。可以明显看到由于结晶形式相对独立,只是以粘连的形式组成,所以小块结晶之间孔隙密布,这样的微观结构对强度的影响较大。而造成这种形貌的原因与水泥的水灰比有关,1号试样水灰比为0.16,硼砂掺量为5%,所以自由水充足,单位体积内水化产物生成较少,且能在整个水泥浆体中较为自由、均匀地生成,虽然水化产物能够大量生成,但是生成物之间距离较大,孔隙较大。随着水化反应的继续,水化产物之间也会发生团簇,但由于前期各团簇水化产物之间距离相对较远,所以凝结效果一般,其孔隙较大,影响水泥微观结构。

从图3.29可以看出,2号试样表面也附着大量的小块状水化产物结晶,但是相比于1号试样,图3.29a)右半边2号试样有大块状水化产物形成,说明水灰比为0.15时,生成的部分水化产物间距减小,能够快速团簇和凝结成一个大块整体。从图3.29b)也可以明显看出,其整体表面结构比图3.28b)中更为致密,虽然部分小块结晶还未与大块水化产物完全融合,但是孔隙率较低,且孔隙较小,所以2号试样从微观结构的力学性能来说是优于1号试样的。

从图3.30可以看出,3号试样只有图3.30b)中间部分存在少量小块水化产物结晶,这些是由于水化反应持续,新生成的还未来得及与大块水化产物发生融合的部分。而从图3.30a)可以清楚地看到,在水灰比为0.14、硼砂掺量为3%这一配合比下,水化产物较为紧密地融合在一起,形成了一个大块水化产物整体,且从上到下以规则的层状结构融合。这是因为低水灰比和硼砂掺量的条件下,自由水较少,单位体积内水化产物生成较为密集,而硼砂掺量的减小,使得早期反应较快,水化反应放热较多,这些热量可以更好地促进水化产物的融合。在双重因素的作用下,水化产物的融合效果相比于1号和2号试样更出色,所以这种微观结构的力学性能更为优越,水泥的抗压强度更高。

所以0℃环境下,不同配合比时水泥强度变化规律与5℃环境下类似,在具有良好工作性条件下,均为硼砂掺量越小,水灰比越小,水泥强度越高。

(2)负温环境下不同温度对水泥性能的影响。

选取负温条件下不同温度的6号、9号试样的7d龄期样品。因为正交试验得出7d龄期时,负温环境下硼砂掺量对磷酸镁水泥的影响较小,而这2组试样水灰比相同,均为0.14,所以能够较为清晰地反映出 −5℃、−10℃两组负温对水泥性能的影响,故采样选取7d龄期水泥进行XRD试验和电镜试验。

XRD 图谱如图 3.31 所示。

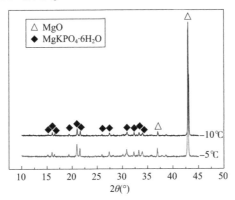

图 3.31 不同环境温度下 7d 龄期水泥 XRD 图谱

对图 3.31 进行半定量分析,不同温度下 7d 龄期水泥各成分比例如表 3.12 所示。

不同温度下 7d 龄期水泥各成分比例 表 3.12

龄期	7d	
温度(℃)	-5	-10
MgO	75%	87%
$MgKPO_4 \cdot 6H_2O$	25%	13%
强度(MPa)	33.25	14.43

由表 3.12 可知,水灰比均为 0.14 的条件下,虽然 6 号试样硼砂掺量为 5%,9 号试样硼砂掺量为 4%,但由于是 7d 龄期的试样,所以硼砂掺量对其影响较小,不同负温环境下,水化产物含量产生了较大差异。7d 龄期时,-5℃下水化产物含量为 25%,-10℃下水化产物含量仅为 13%,这说明在这两个温度下,磷酸镁水泥的水化反应程度存在着较大差距。-10℃的环境温度下,磷酸镁水泥的水化反应程度严重下降,即水化反应不完全,水化产物含量少,会对水泥的强度产生一定影响。造成这种现象的原因,需通过水泥水化温度试验等进行分析、研究。

对两组试样进行电镜试验,比较 -5℃ 和 -10℃ 环境温度下水泥的微观结构差异,试验结果如图 3.32 和图 3.33 所示。

由图 3.32 可知,6 号试样在 7d 龄期时,有大量的水化产物 $MgKPO_4 \cdot 6H_2O$,这些水化产物以片层状形态存在,重叠交错地形成立体网状结构。这说明 -5℃环境温度下,磷酸镁水泥能够生成大量水化产物,但是由于环境温度较低,所以水化产物的融合相比于0℃环境温度下稍差,且水化产物凝结的结构不如0℃环境温度下的规整。从图3.32b)可以看出,部分水化产物已经融合成层状整块结构。这种块状和立体网状结构相结合的微观结构,从力学性能上来讲具有一定的强度,但是强度不会太高。

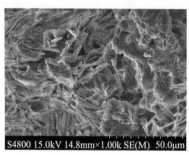

a) 1000 倍	b) 2000 倍

图3.32 −5℃环境温度下7d龄期水泥微观形貌

a) 1000 倍	b) 2000 倍

图3.33 −10℃环境温度下7d龄期水泥微观形貌

由图3.33可知,9号试样在7d龄期时,其水化产物表面附着一层冰晶状物质,这应该是低温下部分未反应的自由水冻结形成的冰晶。这种情况会使得可供水化反应使用的自由水变少,水变为冰的相变会使体积膨胀,对水化产物结构产生较大影响。同时,冰晶出现在表面会阻碍水化产物的融合,只有部分早期反应生成的水化产物会融合为块状整体,但是会有裂缝在块状整体表面密布,且大量的水化产物分布离散。这说明−10℃的环境温度,使得后期水化产物的融合变差,所以很多水化产物仍以个体颗粒状态存在。这种微观结构对水泥强度来说非常不利,所以−10℃时水泥整体强度很低。

综上所述,环境温度为 -5℃ 和 -10℃ 时,水泥水化产物含量和微观结构都具有较大区别, -10℃ 的环境温度对水泥强度的生成非常不利。

通过正交试验和微观试验可知,0℃ 和 -5℃ 环境温度对磷酸镁水泥的影响规律较为相似,水泥强度增长规律也类似。这两个温度下的最优配合比均为硼砂掺量3%、水灰比0.14。在这两个温度下,磷酸镁水泥可以根据工程要求,在无须养护的条件下适当使用。而 -10℃ 环境温度下,磷酸镁水泥强度与另外两个温度下的差异很大,所以认为在不进行养护的自然状态下, -10 ~ -5℃ 的环境温度区间内存在磷酸镁水泥负温力学性能的最不利临界值,这个温度以下,磷酸镁水泥强度生成极慢,且最终强度也极低。

二、负温环境下磷酸镁水泥水化反应温度研究

前一节提到,最优配合比的磷酸镁水泥在负温 0℃ 和 -5℃ 条件下其强度仍能随着龄期的增长而提高,虽然早期强度较低,但是后期强度较高,因此可以根据工程需求适当使用。而 -10℃ 环境温度下,磷酸镁水泥的强度生成存在较大问题,不但早期强度低,后期强度也较低,是什么原因使得环境温度只相差5℃,却对磷酸镁水泥强度产生质的影响?本节从负温环境下磷酸镁水泥水化反应温度着手,对此问题进行研究。

对上一节正交试验的9组试样进行水化热试验,测试水泥在水化反应中的温度变化情况,9组试验配合比如表3.13所示。

正交试验配合比　　　　　　　　　　　　　　　表3.13

试　验　号	温度(℃)	水　灰　比	硼　砂　掺　量
1	0	0.16	5%
2	0	0.15	4%
3	0	0.14	3%
4	-5	0.16	4%
5	-5	0.15	3%
6	-5	0.14	5%
7	-10	0.16	3%
8	-10	0.15	5%
9	-10	0.14	4%

试验操作方法与之前的水化热试验相同,由于负温环境下,磷酸镁水泥热量散失更快,达到温度稳定的时间比低温下更快,所以进行72h温度监测即可。试验结果如图3.34~图3.36所示。

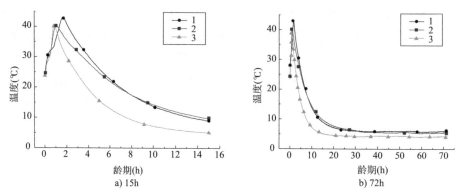

a) 15h

b) 72h

图3.34 0℃下水泥温度变化

由图3.34可知,与低温5℃时相同,1号试验组水灰比为0.16,温度曲线中有明显的延缓点,其原因已在5℃时的试验中解释过。从图3.34b)可以看出,随着龄期的发展,符合水灰比越大,水泥水化反应程度越高,放热量越大,水泥温度越高的规律。水灰比为0.16的1号试验组温度稳定在5.8℃左右,水灰比为0.15的2号试验组温度稳定在5.4℃左右,而水灰比为0.14的3号试验组温度稳定在4.1℃左右。

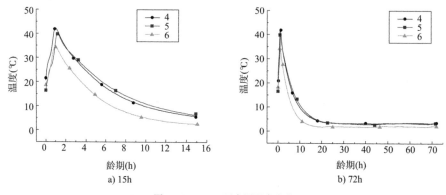

a) 15h

b) 72h

图3.35 -5℃下水泥温度变化

由图3.35a)可知,4号和5号试验组在早期水化反应中,水泥温度的峰值较为接近,而6号试验组与前两组峰值差距明显,这是较高硼砂掺量和低水灰比的联合作用导致的。由图3.35b)可知,随着龄期的发展,最终也符合水灰比越大水泥温

度越高的规律。而此三组试验中,水泥温度进入稳定期后,4 号和 5 号试验组稳定
温度非常接近,分别为 3.2℃ 和 2.9℃,而稳定温度最低的仍是水灰比为 0.14 的 6
号试验组,稳定温度为 1.8℃ 左右。

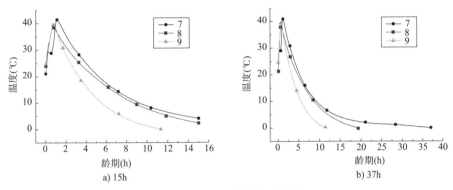

a) 15h　　　　　　　　　　　　b) 37h

图 3.36　 −10℃ 下水泥温度变化

从图 3.36 可以看出,8 号和 9 号试验组早期水化反应中,水泥温度的峰值较为
接近,7 号试验组峰值较为突出,这是因为 7 号试验组硼砂掺量为 3% 且水灰比最
大,为 0.16,所以早期水化反应放热量大,温度峰值最高。图 3.36a) 显示 9 号试验
组于 11.5h 时,温度显示停止了,且从趋势图中可以看出,温度仍在持续下降,但由
于 PTS-12S 数字式水泥水化热测量系统的量程为 0 ~ 100℃,所以水泥温度低于
0℃ 时,无法显示。从图 3.36b) 也可以看出,8 号试验组在 20h 之前,水泥温度降到
了 0℃,7 号试验组在约 37h 时,温度降为 0℃。这说明当环境温度为 −10℃ 时,
100g 磷酸镁水泥放出的热量不足以使水泥的温度保持在 0℃ 以上,而正交试验中
其他试验组并没有出现这种水泥温度稳定点低于 0℃ 的情况,从所有的试验组中
可以看出,外界环境温度的降低会使得磷酸镁水泥的温度稳定点降低。结合前一
节负温强度试验可以发现,环境温度为 −10℃ 时的磷酸镁水泥强度与 −5℃ 和 0℃
时的差距很大,强度增长很小,且磷酸镁水泥试件的质量小于 100g。所以得出,环
境温度为 −10℃,磷酸镁水泥强度很低应与水泥的水化温度有很大的关系。因
为 0℃ 为冰和水相变的临界点,一旦水泥的温度降到 0℃ 以下,如果水泥中还存在
未反应完的自由水,则自由水会发生相变,变为冰,不但不能继续参与水化反应,而
且会因为相变而体积增大,使得水泥内部裂缝增多,结构被破坏,故水泥强度难以
随龄期的增长而正常增长。

所以对于磷酸镁水泥来说,当水泥的水化反应放出的热量能够使其和外界环境温度的平衡点维持在0℃以上时,外界环境温度越低,磷酸镁水泥的水化反应越弱,这会使得磷酸镁水泥的强度受一定程度的影响;而当水泥的温度平衡点低于0℃时,水泥的强度会远远低于0℃以上时的水泥强度。故要在负温条件下使用磷酸镁水泥,且希望其具有优良的性能,需从控制磷酸镁水泥和外界环境温度的平衡点入手,水泥水化温度平衡点是一个非常重要的指标。

三、负温环境下磷酸镁水泥化学收缩研究

本节对正交试验组进行了负温环境下的化学收缩试验,测试温度、配合比对水泥化学收缩的影响。由于低温化学收缩试验已经得出,硼砂掺量主要影响前期水泥化学收缩变化率,对磷酸镁水泥总体化学收缩影响不大,所以本节主要考虑温度和水灰比在负温环境下对水泥化学收缩的影响。试验组配合比和温度与表3.13中的9组试验相同,试验方法与常温水泥化学收缩试验方法相同,只需将环境箱温度分别调整为所需模拟环境温度即可。同样只对前7d龄期的水泥化学收缩进行研究,试验结果如表3.14所示。

负温环境下不同温度和配合比时磷酸镁水泥化学收缩试验结果 表3.14

时间 (h)	$CS(t)(mL \cdot 100g^{-1})$								
	1	2	3	4	5	6	7	8	9
1	0.000	0.000	0.000	0.000	0.000	0.000	0.000	0.000	0.000
2	0.717	0.924	0.208	0.386	0.281	0.242	0.685	0.727	0.462
3	0.769	0.995	0.484	0.708	0.483	0.436	0.895	0.863	0.538
4	0.820	1.066	0.623	0.902	0.684	0.581	1.000	0.954	0.615
5	0.871	1.137	0.761	1.095	0.844	0.678	1.053	1.000	0.692
6	0.922	1.208	0.899	1.288	0.965	0.775	1.106	1.045	0.769
7	0.922	1.279	1.038	1.417	1.086	0.872	1.132	1.068	0.846
8	1.025	1.350	1.107	1.546	1.206	0.969	1.158	1.090	0.923
24	1.537	2.061	1.453	1.932	2.010	1.599	1.422	1.318	1.231
48	1.845	2.203	2.006	2.254	2.292	1.938	1.527	1.454	1.385

续上表

时间 (h)	$CS(t)$ (mL·100g^{-1})								
	1	2	3	4	5	6	7	8	9
72	2.357	2.417	2.352	2.383	2.413	2.083	1.632	1.590	1.462
96	2.767	2.630	2.594	2.576	2.533	2.277	1.685	1.636	1.538
120	2.869	2.843	2.767	2.641	2.573	2.374	1.738	1.681	1.615
144	3.074	2.985	2.905	2.705	2.614	2.422	1.790	1.727	1.692
168	3.177	3.056	2.975	2.770	2.654	2.471	1.790	1.727	1.692

1. 负温环境下温度对水泥化学收缩的影响

通过前期试验发现,硼砂掺量在负温环境下主要对水泥前期的化学收缩影响较大,对后期的化学收缩影响较小。所以利用正交试验组对温度进行比较时,选取水灰比相同的三组,研究温度和硼砂掺量对水泥化学收缩的共同影响,如图 3.37 所示。

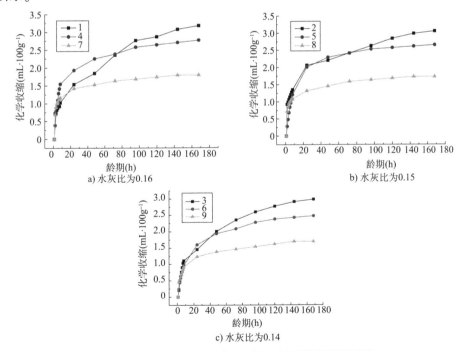

图 3.37 温度和硼砂掺量在负温环境下对水泥化学收缩的影响

由图 3.37 可知,硼砂掺量在负温环境下对水泥早期的化学收缩影响较大,而最终决定相同水灰比条件下水泥化学收缩值的是温度。图 3.37a)中,1 号试验组温度为 0℃,硼砂掺量为 5%;4 号试验组温度为 -5℃,硼砂掺量为 4%;7 号试验组温度为 -10℃,硼砂掺量为 3%。由于硼砂掺量对后期化学收缩影响较小,所以可以明显看出,7d 龄期时化学收缩和温度的关系为温度越高,化学收缩值越大。硼砂对早期化学收缩值有着较大影响,从图中可以看出,1 号试验组由于硼砂掺量较大,所以早期水化反应受影响较大,化学收缩的变化率较小;而 4 号试验组在温度和硼砂掺量的共同作用下,早期水化反应相对较快,但是从中期开始化学收缩值变化减慢,开始小于 1 号试验组;7 号试验组由于温度为 -10℃,表明温度较低对化学收缩有着较大的影响,但是由于硼砂掺量为 3%,所以从图中可以明显看出,在反应早期,7 号试验组有着较大的化学收缩值变化速率。图 3.37b)中,2 号试验组温度为 0℃,硼砂掺量为 4%;5 号试验组温度为 -5℃,硼砂掺量为 3%;8 号试验组温度为 -10℃,硼砂掺量为 5%。2 号试验组虽然环境温度较高,但是由于硼砂掺量低于 5 号试验组,所以早期两个试验组的化学收缩值较为接近,但是当中期硼砂作用降低后,温度为 0℃的 2 号试验组最终化学收缩值最大。8 号试验组温度最低,且硼砂掺量最大,所以化学收缩值偏低,但是从图中可以看出 8h 前 8 号试验组的化学收缩值整体大于 5 号试验组。这是因为化学收缩测试的是 1h 之后的收缩值,当硼砂掺量较大时,较大量的水泥水化反应会向后推移,而 5 号试验组硼砂掺量为 3%,可以推出 1h 龄期之前水化反应最为剧烈,所以计算化学收缩值时减去 1h 龄期之前的化学收缩值,会造成 8 号试验组前期化学收缩值大于 5 号试验组。图 3.37c)中,3 号试验组温度为 0℃,硼砂掺量为 3%;6 号试验组温度为 -5℃,硼砂掺量为 5%;9 号试验组温度为 -10℃,硼砂掺量为 4%。从图中可以看出,3 号试验组由于温度较高,且硼砂掺量较小,所以化学收缩值最大。6 号试验组受硼砂掺量 5%的影响,水泥水化反应向后推移,20h 龄期时,比 3 号试验组的化学收缩值大,但是由于中后期温度为化学收缩的决定因素,所以不久化学收缩值又小于 3 号试验组。9 号试验组硼砂掺量适中,所以前期化学收缩值与 6 号试验组较为接近,但是由于温度过低,所以之后化学收缩值一直保持最小。从图 3.37 可以看出,不论硼砂掺量如何变化,最终 7d 龄期的化学收缩值均为 0℃和 -5℃时相对较为接近,而 -10℃时的化学收缩值与前两个温度时的化学收缩值有明显的梯度,这说明

-10℃的环境温度对磷酸镁水泥的化学收缩值影响较大。

2.负温环境下水灰比对水泥化学收缩的影响

通过前期试验发现,硼砂掺量在负温环境下主要对水泥早期的化学收缩影响较大,对后期的化学收缩影响较小,所以利用正交试验组对不同水灰比的水泥进行比较。选取三组环境温度相同的水泥,研究水灰比和硼砂掺量对水泥化学收缩的共同影响,如图3.38所示。

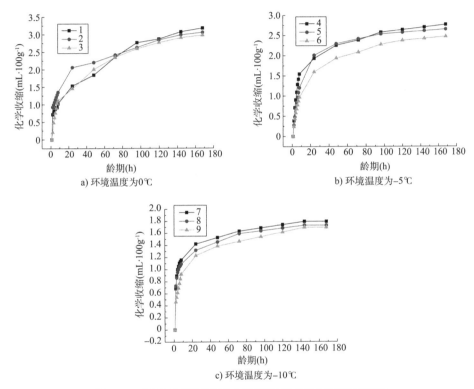

a) 环境温度为0℃　　　　b) 环境温度为-5℃

c) 环境温度为-10℃

图3.38　水灰比和硼砂掺量在负温环境下对水泥化学收缩的影响

从图3.38三种温度下的化学收缩值后期变化中可发现,水灰比越大,7d龄期时化学收缩值越大。图3.38a)中,1号试验组水灰比为0.16,硼砂掺量为5%;2号试验组水灰比为0.15,硼砂掺量为4%;3号试验组水灰比为0.14,硼砂掺量为3%。1号试验组较大的硼砂掺量和水灰比,使得大量水化反应时间推后,所以早期化学收缩值较小,且化学收缩值变化率较小,这种现象在中期发生改变,水灰比最大最终决定了其化学收缩值最大。2号试验组有着较为适中的水灰比和硼砂掺量,这使其前期有着较大的化学收缩值,但是中后期硼砂掺量作用减弱,水灰比成为影响化学收缩值的主要因素,所以中后期化学收缩值小于1号试验组。3号试验组硼砂掺量和水灰比均最低,低硼砂掺量使得其早期水化反应速度较快,而早期化学收缩值小于其他两组试验的原因与图3.30b)相同,且随着龄期的推移,水灰比成为影响化学收缩的主要因素后,其化学收缩值变为最小。图3.38b)中,4号试验组水灰比为0.16,硼砂掺量为4%;5号试验组水灰比为0.15,硼砂掺量为3%;6号试验组水灰比为0.14,硼砂掺量为5%。4号试验组具有最大水灰比和适中的硼砂掺量,所以早期和后期化学收缩值均最大。5号试验组具有适中的水灰比和最小的硼砂掺量,故早中期在双重因素的作用下,与4号试验组化学收缩值较为接近,直到后期水灰比起主要作用时,化学收缩值才小于4号试验组。6号试验组由于有着最小的水灰比和最大硼砂掺量,所以水化反应始终较慢,且化学收缩值一直保持最小。图3.38c)中,7号试验组水灰比为0.16,硼砂掺量为3%;8号试验组水灰比为0.15,硼砂掺量为5%;9号试验组水灰比为0.14,硼砂掺量为4%。7号试验组具有最大水灰比和最小硼砂掺量,所以早期硼砂对水化反应抑制作用较小,水化反应最剧烈,而高水灰比又决定了水化反应程度最高,所以化学收缩值始终保持最大。8号试验组水灰比和硼砂掺量适中,所以化学收缩值始终小于7号试验组。9号试验组有着最小的水灰比和最大的硼砂掺量,所以早期水化反应受硼砂抑制作用明显,后期水灰比决定了水化反应程度较低,故在3组试验中化学收缩值始终最小。

第四节　磷酸镁水泥的制备和养护温度

一、制备温度和养护温度相结合对强度的影响初探研究

通过前期试验得出,磷酸镁水泥具有较高的温度敏感性,当磷酸镁水泥在20℃制备和养护时,凝结时间为19.75min,此时磷酸镁水泥有着较高的抗压强度。而随着环境温度的降低,磷酸镁水泥的凝结时间显著增长,但是强度下降,如5℃制备和养护时,凝结时间为76.25min,而7d龄期水泥抗压强度只有20℃的77%。如果将磷酸镁水泥的强度生成分为两个阶段,第一阶段为磷酸镁水泥的制备阶段,第二阶段为磷酸镁水泥的养护阶段,那么可以认为之前进行的20℃试验中水泥的

制备阶段温度为20℃,养护阶段温度也为20℃;而5℃试验中水泥的制备阶段温度为5℃,养护阶段温度也为5℃。两种温度下,在不同的阶段各有其优势,那么如果将具有优势的5℃制备阶段和20℃养护阶段结合,磷酸镁水泥会具有怎样的性能?本节对此问题进行了如下探索性试验。

1. 制备和养护温度不同对水泥强度的影响

试验方法:由于养护温度为20℃,所以磷酸镁水泥的配合比,选取常温最优配合比为 M/P = 3, W/C = 0.16, B/M = 5%。试验开始前,先将磷酸镁水泥组成材料 MgO、KH_2PO_4、$Na_2B_4O_7 \cdot 10H_2O$ 和水放入5℃的环境箱中静置24h,然后将材料取出,混合制备磷酸镁水泥。搅拌完成后,在环境箱中倒入模具。制备阶段结束后,调节环境箱的温度为20℃,对磷酸镁水泥进行养护。然后测试3h、1d、3d、7d龄期的水泥抗压强度,与20℃制备20℃养护和5℃制备5℃养护的水泥强度进行对比,定义20℃制备20℃养护为1号试验组,5℃制备5℃养护为2号试验组,5℃制备20℃养护为3号试验组。

试验结果如图3.39所示。

由于制备温度为5℃,所以磷酸镁水泥具有很好的流动性,相比于20℃制备,工作性有极大提高。但是也存在一定缺点,如图3.39所示,3h龄期水泥强度中,1号试验组强度最高,为13.68MPa;3号试验组强度相比于1号试验组略低,为10.76MPa,这是因为制备时温度为5℃,虽然放入20℃的环境箱中养护,但是由于龄期较短,低温起到了一定的缓凝作

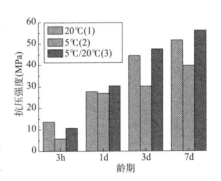

图3.39　不同制备和养护温度下水泥抗压强度

用,所以强度生成较慢;2号试验组强度最低,为5.75MPa,这是因为3h龄期时,养护温度对水泥强度的影响非常大。1d龄期时,3组试验组水泥强度较为接近,此时3号试验组强度最高,为30.43MPa,2号试验组强度仍最低,而1号试验组强度略低于3号试验组。之所以3组强度比较接近,是因为在1d龄期时,磷酸镁水泥已经完成了早期的大量集中放热反应,水泥温度也已渐渐趋于平稳。3d龄期时,低温5℃养护的2号试验组,强度提升有限,而1号和3号试验组在20℃的温度下养护强度快速提升。3d龄期与7d龄期3个试验组的变化规律基本相同,均为3号试验组强度最高。

经分析可知,3号试验组之所以中后期强度高于1号试验组,是因为早期制备温度为5℃,低温对水泥具有缓凝作用,不仅提高了水泥的流动性,而且延缓了初期水泥的水化放热,使得水化放热不至于特别集中,有层次的水化反应使得水泥水化产物生成后致密性更好,能够使水泥的后期强度具有一定优势。

2. 低温制备不同温度养护对水泥强度的影响

上一节进行了磷酸镁水泥的制备温度和养护温度相结合对强度影响的初探研究,通过试验得出利用低温制备不仅可以提高水泥的工作性,而且对水泥的后期强度有一定提高。故本节将成型温度设定为5℃,改变后期养护温度,测试水泥抗压强度,研究后期养护温度对磷酸镁水泥性能的影响。

试验方法:与上一节的试验方法相同,进行3组试验,5℃条件下制备阶段完成后,分别对水泥试样进行15℃、25℃、35℃这三种不同温度养护,测试各组磷酸镁水泥3h、1d、3d、7d龄期的抗压强度。

试验结果如图3.40所示。

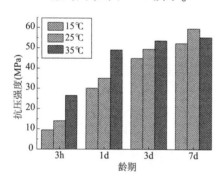

图3.40 不同养护温度对水泥抗压强度的影响

由图3.40可知,在对低温5℃制备的磷酸镁水泥进行了升温养护后,水泥的早期强度有非常明显的提升。3h龄期时,15℃养护温度下的水泥强度为9.5MPa,25℃养护温度下的水泥强度为14MPa,而35℃养护温度下的水泥强度为26.55MPa。在35℃养护温度下,磷酸镁水泥的早期水化反应加快,且温度的升高能够促进磷酸镁水泥水化产物$MgKPO_4$之间的融合,在早期快速提高水泥强度。而在此温度养护下3h龄期水泥强度已经可以满足军用机场道面快速修复施工要求(2h龄期水泥抗压强度能够达到20.7MPa),以及我国目前4h龄期水泥抗压强度达到20MPa的要求。1d龄期时,15℃和25℃下强度提高比例类似,都能够随着龄期的增长而较为快速地提高,分别达到了30MPa和35.13MPa,能够满足大多数工程的强度要求,而35℃养护下的磷酸镁水泥强度达到了49.12MPa,这个强度已经超过了普通硅酸盐水泥28d龄期的强度。3d龄期时,15℃和25℃养护下的水泥仍然保持着较高的强度增长速度,而35℃养护下的水泥强度增长变缓,三个养护温度下的水泥强度慢慢接近,分别为 45MPa、49.51MPa 和 53.67MPa。7d 龄期时,25℃养护下的水泥强度最高,达到了 59.62MPa,15℃养护下的水泥强度也增长为 52.42MPa,但是 35℃养护下的水泥强度增长很慢。对不同龄期水泥的强度进行分析可知,35℃养护时,因为温度较高,水泥水化反应较快,热量可以促使水化产物融合,所以磷酸镁水泥具有非常优良的早期强度。但正是由于前期反应较为剧烈,水泥水化放出的热量使本应存在于水泥中等待参与后续水化反应的自由水早早蒸发。这种情况下的水分蒸发存在两个不利因素:一个不利因素是水分蒸发后,原本水分所在位置产生了孔隙,使得水泥结构不够致密;另一个不利因素是自由水蒸发后,没有后续的水分帮助进行水泥后期的水化反应。正是由于存在这两个因素,在 35℃养护下,水泥的后期强度提升不大,但是其强度也较为可观,所以可以根据工程的需要对水泥进行合适的养护,达到所需的水泥强度。

二、磷酸镁水泥的低温和负温养护试验研究

前面章节通过试验,测试了各低温、负温环境下最优配合比磷酸镁水泥各龄期的强度。其中 5℃和 0℃下磷酸镁水泥能够满足一般工程的需要,但是对于一些要求较高的工程而言,如机场的不停航修复工程,光依靠改变水泥配合比无法满足工程要求,所以在不同温度下优选配合比的基础上还需对磷酸镁水泥进行一定的养护,以提高水泥的短期性能。前面章节已经对升温养护进行了试验,结果显示,升温养护有着非常显著的效果,而升温养护在工程中可以通过蒸汽养护或者热辐射养护来实现,但是由于升温养护需要外加热源,成本较高,故仅适用于对早期强度要求较高的工程。而对于时间较为充裕的工程而言,蓄热法养护应用较为广泛,因为养护施工简单,费用低廉,可行性高,所以本节主要研究蓄热法养护对持续低温和负温磷酸镁水泥强度的影响。

试验仪器:Terchy-MHK-1000LK 环境箱、路面材料强度试验仪、净浆搅拌机、保温袋、保温箱。

试验方法:在 4 组持续低温和负温(5℃、0℃、-5℃和 -10℃)环境中制备磷酸镁水泥。制备完成后先将模具放入保温袋中,然后放入保温箱中,再将保温箱放入环境箱中,模拟工程施工中的蓄热法养护。其中环境温度为 5℃时,选择的配合比与升温养护相同,硼砂掺量为 5%、水灰比为 0.16;负温环境温度下,选取试验所得

最优配合比,硼砂掺量为 3% 、水灰比为 0.14。

试验结果如图 3.41 所示。

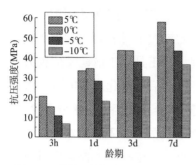

图 3.41 蓄热法养护时不同温度对水泥
抗压强度的影响

由图 3.41 可知,蓄热法养护可以有效提升低温和负温下磷酸镁水泥的早期强度,随着温度的降低,蓄热法养护的效果降低。3h 龄期时,5℃ 环境下蓄热法养护的磷酸镁水泥有非常优良的早期强度,为 20.5MPa,其效果接近 35℃ 的升温养护,相比于负温环境下不施加养护就无法测量强度,进行蓄热法养护时早期强度明显提升。1d 龄期时,5℃ 和 0℃ 环境下经蓄热法养护后强度较为接近,这种状态持续到 3d 龄期,−5℃ 和 −10℃ 环境下强度增长规律较为类似,随着龄期的增长,水泥强度能够保持稳定增长。最终 7d 龄期时,5℃ 环境下水泥强度最高,而 0℃ 环境下水泥强度后期增长较慢,这是因为 5℃ 蓄热法养护选取与升温养护相同的配合比,而负温水泥选取负温最优配合比,3% 的硼砂掺量和 0.14 的水灰比会使得负温水泥早期水化反应加快,对水泥前期强度有较好的提高效果,而对水泥后期强度提高相对乏力,但是相比于负温条件下不施加养护而言,水泥强度还是有较大提升。

第五节 本 章 小 结

本章对磷酸镁水泥的低温性能进行了研究,通过初期试验发现,磷酸镁水泥具有温度敏感性,环境温度不同会对水泥的工作性能和力学性能产生影响。本章的主要研究结论如下:

(1)通过宏观试验对其温度敏感性进行了研究,并采样进行了微观试验研究,得出了其在不同环境温度下性能变化的原因为低温使得磷酸镁水泥的水化反应减缓,同时水化产物的融合减慢,水泥微观结构的孔隙增多,整体性下降。通过试验发现,温度的降低可以有效调节磷酸镁水泥的工作性。

(2)低温 5℃ 时,温度与缓凝剂同时对磷酸镁水泥产生缓凝作用,磷酸镁水泥工作性优良。通过试验得出,在 5℃ 环境中硼砂掺量为 4% 、水灰比为 0.14 时,水泥具有较为优良的微观结构,也具有较好的力学性能。

(3)通过不同配合比的低温水化放热试验得出,低温条件下,硼砂掺量越小,水泥在后期水化反应中水化温度的稳定点越高,即水泥温度越高。同样在低温条件下,水灰比越大,水泥在后期水化反应中水化温度的稳定点越高,即水泥温度越高,且水灰比过大时还会对前期水化温度造成一定影响。

(4)低温环境下,硼砂掺量会影响磷酸镁水泥早期化学收缩,硼砂掺量越大,早期化学收缩越小,而对磷酸镁水泥水化反应后期化学收缩影响不明显,但从总体规律来看,硼砂掺量越小,磷酸镁水泥的化学收缩值越大,而水灰比越大,水泥的化学收缩值越大。

(5)在负温环境下,0℃和-5℃时的环境温度对磷酸镁水泥的影响规律较为相似,水泥强度增长规律也类似,这两个温度下的最优配合比均为硼砂掺量为3%,水灰比为0.14。在这两个温度下,磷酸镁水泥可以根据工程要求,在无须养护的条件下适当使用。而在-10℃环境温度下,磷酸镁水泥强度与另外两个温度下的差异很大,故认为在不进行养护的自然状态下,-10~-5℃环境温度区间内存在磷酸镁水泥负温力学性能的最不利临界值,这个温度以下,磷酸镁水泥强度生成极慢,且最终强度也极低。

(6)通过水化温度试验发现,在负温条件下使用磷酸镁水泥,水泥和外界环境温度存在平衡点,结合强度试验可知,水泥的温度平衡点低于0℃时,水泥的强度会远远低于0℃以上时的水泥强度,故需通过控制磷酸镁水泥和外界环境温度的平衡点来控制磷酸镁水泥负温性能。

(7)负温环境下磷酸镁水泥的化学收缩受温度影响较大,温度越高,化学收缩值越大,0℃和-5℃环境下化学收缩值较为接近,-10℃环境下化学收缩值存在较大差异。负温环境下水灰比对化学收缩的影响与低温环境下相似,水灰比越大,化学收缩值越大。

(8)通过试验发现调控磷酸镁水泥的制备温度和养护温度可以有效提高磷酸镁水泥的性能,低温环境下制备磷酸镁水泥,可以有效提高磷酸镁水泥的工作性,较高温度养护,可以使其强度快速生成,但是过高的养护温度会导致水泥力学性能下降。

(9)通过试验得出,蓄热法养护可以有效提升低温和负温下磷酸镁水泥的早期强度,随着温度的降低,蓄热法养护的效果降低。

第四章
磷酸镁水泥混凝土力学性能
及抗冻耐久性研究

前面章节对磷酸镁水泥净浆进行了较为全面的研究,并对磷酸镁水泥砂浆的最优配合比进行了试验。净浆和砂浆适用于灌浆类的修复工程。对于机场混凝土道面出现的如边角断裂、错台等较为严重的损害,如果不及时进行修复,不仅会对飞机起降造成潜在威胁,还会导致道面的损坏范围扩大,造成更为严重的破坏,而面对这一类的道面损坏,需凿除损坏部分,用混凝土进行修复。因此,对磷酸镁水泥混凝土的力学性能及抗冻耐久性进行研究也是非常有必要的。本章对磷酸镁水泥混凝土的力学性能及抗冻耐久性进行研究。

第一节　磷酸镁水泥混凝土配合比设计

一、混凝土制备材料

制备磷酸镁水泥混凝土,除了需要磷酸镁水泥净浆的原材料外,还需对粗集料、细集料进行分析和优选,所用材料如下。

(1)水泥:自制磷酸镁水泥。通过前期试验可知,磷酸镁水泥有着较为优良的早期强度和后期强度,且凝结时间、流动度等性能都符合混凝土的制备要求。

(2)粗集料:选用石灰岩碎石,其中大石最大粒径为 20mm,小石最大粒径为 10mm。磷酸镁水泥混凝土应用 5～10mm 和 10～20mm 粗集料。

机场混凝土道面修复粗集料的选取与道面修复深度有密切关系,由于修复深度一般控制在 60～80mm,故粗集料的最大公称粒径应小于或等于修复结构层厚度的1/3,否则难以振捣密实,且形成的结构不稳定。所以修复用混凝土的最大公称粒径应小于或等于20mm,这种小粒径石子不仅可以提高混凝土的强度,还可以改善混凝土的和易性。与大粒径石子相比,小粒径石子单个石子界面的过渡层周长与厚度均较小,降低了在混凝土内部形成大缺陷的概率,对界面强度的提高具有一定优势,且石子的粒径越小,本身缺陷概率越小,同时可以使得提供强度的主界面面积增大。所以修复混凝土选取最大粒径为20mm的石子,对提高混凝土的抗弯拉强度,拌合物均匀性、平整度、耐久性和疲劳极限都具有较好的效果。

(3)细集料:选取西安灞河Ⅱ区中砂,表观密度为$2.62 \times 10^3 kg/m^3$,细度模数为$M_x = 2.65$。在选取细集料时,细度模数是一个非常重要的指标,细度模数小于2.3时为细砂,细砂的应用会使得混凝土的抗弯拉强度难以保证,且道面耐磨性不足,抗滑构造的保持时间短;细度模数大于3.5时为粗砂,粗砂的应用不但会使路表面微观抗滑构造深度大,而且过粗砂道面平整度难以满足要求。为了同时保证水泥混凝土道面的抗弯拉强度和耐磨性,应选取细度模数在2.3~3.2之间的Ⅰ、Ⅱ区中砂、中粗砂和偏细粗砂。

(4)水:符合国家标准的生活用水。

二、配合比设计步骤

本书对磷酸镁水泥混凝土的配合比设计采用"假定容重法"。通过经验与试验相结合的方式进行配合比优选,"假定容重法"步骤如下所示:

(1)假定混凝土1m³容重,混凝土的容重随着混凝土强度等级的增大而增大。由于磷酸镁水泥混凝土是高强混凝土,所以假定容重$G = 2450 kg/m^3$。

(2)按经验和规范要求确定水泥用量,硼砂掺量为水泥中氧化镁的5%。本书水泥用量选取3个水平,分别为$G_{C1} = 360 kg/m^3$,$G_{C2} = 400 kg/m^3$,$G_{C3} = 440 kg/m^3$。

$$G_B = G_C \times 0.75 \times 5\% \tag{4.1}$$

(3)选取水灰比,计算用水量。本书水灰比选取3个水平,分别为0.22、0.24和0.26。

$$G_W = G_C \times (W/C) \tag{4.2}$$

(4)计算砂、石子总用量,依据经验砂率选取3个水平,分别为$S_1 = 31\%$,$S_2 = 33\%$,$S_3 = 35\%$。

$$G_{总} = G - G_C - G_W - G_B \tag{4.3}$$

$$G_{砂} = G_{总} \times S \tag{4.4}$$

（5）通过大、小石的级配，确定其比例：大石为60%，小石为40%。

（6）配合比初步确定后，通过试拌调整、强度校核选取既满足强度要求又经济的配合比作为设计配合比。

第二节　磷酸镁水泥混凝土配合比正交试验设计

一、正交试验设计

为了更全面地得出磷酸镁水泥混凝土的最优配合比，本节应用正交试验方法对磷酸镁水泥混凝土的最优配合比强度进行研究，对水泥用量（A）、水灰比（B）和砂率（C）这3个因素分别设置了3个水平，每个因素三个水平分别由1、2、3代替，如表4.1所示。

正交试验因素水平表　　　　　　　　　　　　　　　　表4.1

水　平	因　素		
	水泥用量（kg·m^{-3}）	水灰比	砂率
1	360	0.22	31%
2	400	0.24	33%
3	440	0.26	35%

由于本试验为三因素三水平正交试验，故采用$L_9(3^4)$正交试验安排表，如表4.2所示。

$L_9(3^4)$正交试验安排表　　　　　　　　　　　　　　　表4.2

试　验　号	水泥用量（A）	水灰比（B）	砂率（C）	空　列
1	1	1	1	1
2	1	2	2	2
3	1	3	3	3
4	2	1	2	3
5	2	2	3	1

续上表

试　验　号	水泥用量(A)	水灰比(B)	砂率(C)	空　列
6	2	3	1	2
7	3	1	3	2
8	3	2	1	3
9	3	2	2	1

二、混凝土试件的制备

根据 $L_9(3^4)$ 正交试验安排表,依据假定容重法,分别对9组配合比的混凝土各材料用量进行计算,计算结果如表4.3所示。

混凝土正交配合比　　　　　　　　　　　　表4.3

序　　号	水泥 ($kg \cdot m^{-3}$)	硼砂 ($kg \cdot m^{-3}$)	水 ($kg \cdot m^{-3}$)	砂 ($kg \cdot m^{-3}$)	粗集料($kg \cdot m^{-3}$)	
					5～10mm	10～20mm
1	360	13.5	79.2	619.16	551.25	826.88
2	360	13.5	86.4	656.73	533.35	800.02
3	360	13.5	93.6	694.02	515.55	773.33
4	400	15	88	642.51	521.80	782.69
5	400	15	96	678.65	504.14	756.21
6	400	15	104	598.61	532.96	799.43
7	440	16.5	96.8	663.85	493.14	739.71
8	440	16.5	105.6	585.70	521.06	781.59
9	440	16.5	114.4	620.10	503.60	755.40

试验仪器:混凝土搅拌机、砂浆搅拌机、振动台、100mm×100mm×400mm 长方体小梁试件模具[图4.1a)]和100mm×100mm×100mm 立方体试件模具[图4.1b)]。

制备方法:制备磷酸镁水泥混凝土时,首先按照表4.3称量好各种材料的质量,用砂浆搅拌机搅拌60s制备磷酸镁水泥净浆,然后在其中倒入称量好的砂,搅拌120s,再将大石和小石倒入混凝土搅拌机中,然后将搅拌好的砂浆倒入混凝土搅拌机中,搅拌120s,之后倒入模具中成型,并放置在振动台上振捣,抹平试件表面,然后放置于养护箱中进行养护(将养护箱设置为温度20℃,湿度50%的自然养护条件)。由于磷酸镁水泥混凝土具有快凝快硬的特性,所以2h后即可进行拆模。

a) 小梁试件 b) 立方体试件

图4.1 磷酸镁水泥混凝土试件制备

第三节 磷酸镁水泥混凝土强度试验

混凝土的强度是评价混凝土性能最重要的指标,包括抗压强度和抗弯拉强度两种。对于机场混凝土道面板而言,由于其为刚性材料,机轮的碾压和温度产生的应力,使得道面板顶部受压,底部受拉,当力的作用超过混凝土的承受范围时,道面板则会产生弯曲破坏或者压碎破坏。修复混凝土也是如此,所以对于修复混凝土材料而言,应以抗弯拉强度为主要强度评价指标,抗压强度为参考强度评价指标。我国对于快速修复混凝土的强度要求是,通车时抗弯拉强度达到3.5MPa,抗压强度达到20MPa以上。故本节对磷酸镁水泥混凝土的抗弯拉强度和抗压强度进行测试,选取混凝土最优配合比。

一、试验方案

(1)试验仪器:TZA-100型电液式抗弯拉试验机(图4.2)、NYL-200型压力试验机(图4.3)。

(2)试验方法:磷酸镁水泥混凝土的抗弯拉和抗压试验依据《公路工程水泥及水泥混凝土试验规程》(JTG 3420—2020)进行测试,分别对混凝土4h、1d、3d、7d四个龄期进行试验,每个龄期选择3个试件测试,试验值取3个试件测试的平均值。试件加载时,需对试件进行匀速加载,抗弯拉强度试验机加载速率为0.02 ～

0.05MPa/s,抗压试验机加载速率为0.5~0.8MPa/s。

图4.2 TZA-100型电液式抗弯　　图4.3 NYL-200型压力试验机
　　拉试验机

混凝土抗弯拉强度计算公式：

$$f_r = \frac{FL}{bh^2} \qquad (4.5)$$

式中：f_r——混凝土抗弯拉强度，MPa；

　　　F——极限荷载，N；

　　　b——试件截面宽度，mm；

　　　h——试件截面高度，mm；

　　　L——支座间的距离，mm。

混凝土抗压强度计算公式：

$$f_{cu} = \frac{F}{A} \qquad (4.6)$$

式中：f_{cu}——混凝土抗压强度，MPa；

　　　F——极限荷载，N；

　　　A——受压面积，mm^2。

二、混凝土抗弯拉试验结果与分析

磷酸镁水泥混凝土不同配合比条件下的抗弯拉强度正交试验结果如表4.4所示。

抗弯拉强度正交试验结果

表4.4

试验号	因　素			抗弯拉强度（MPa）			
	A	B	C	4h	1d	3d	7d
1	A1	B1	C1	4.51	4.89	5.11	5.27
2	A1	B2	C2	4.33	5.58	6.42	6.98
3	A1	B3	C3	4.02	5.39	5.72	5.99
4	A2	B1	C2	4.86	5.38	5.81	5.89
5	A2	B2	C3	4.56	6.21	7.19	7.38
6	A2	B3	C1	4.42	5.45	6.07	6.28
7	A3	B1	C3	5.05	5.69	6.45	6.89
8	A3	B2	C1	4.58	6.15	7.22	7.56
9	A3	B3	C2	4.39	5.66	6.28	6.67
$\overline{K}_1^1$	4.29	4.80	4.50				
$\overline{K}_2^1$	4.62	4.49	4.53				
$\overline{K}_3^1$	4.67	4.28	4.55				
R^1	0.38	0.52	0.05				
$\overline{K}_1^2$	5.29	5.32	5.50				
$\overline{K}_2^2$	5.68	5.98	5.54				
$\overline{K}_3^2$	5.84	5.50	5.76				
R^2	0.55	0.66	0.26				
$\overline{K}_1^3$	5.75	5.79	6.13				
$\overline{K}_2^3$	6.36	6.95	6.17				
$\overline{K}_3^3$	6.65	6.02	6.45				
R^3	0.90	1.16	0.32				
$\overline{K}_1^4$	6.08	6.02	6.37				
$\overline{K}_2^4$	6.52	7.31	6.51				
$\overline{K}_3^4$	7.04	6.31	6.75				
R^4	0.96	1.29	0.38				

　　由表4.4可知，随着龄期的发展，受各因素影响，水泥抗弯拉强度极差存在差异，4h龄期时，水泥用量极差为0.38MPa，水灰比极差为0.52MPa，砂率极差为

0.05MPa;1d龄期时,水泥用量极差为0.55MPa,水灰比极差为0.66MPa,砂率极差为0.26MPa;3d龄期时,水泥用量极差为0.90MPa,水灰比极差为1.16MPa,砂率极差为0.32MPa;7d龄期时,水泥用量极差为0.96MPa,水灰比极差为1.29MPa,砂率极差为0.38MPa。所以不论任何龄期,三种因素对抗弯拉强度的影响程度均为水灰比>水泥用量>砂率。

由图4.4可知,每个龄期极差最大的均为水灰比,极差最小的均为砂率,这说明,水灰比对磷酸镁水泥混凝土抗弯拉强度的影响程度最大,砂率对抗弯拉强度的影响程度最小。从图中还可以看出,每个影响因素的极差都随着龄期的发展而增大,这说明随着龄期的发展,各因素对抗弯拉强度的影响程度越来越大。3d龄期后,极差变化幅度趋于平缓,说明混凝土的抗弯拉强度基本趋于稳定,变化率减小。

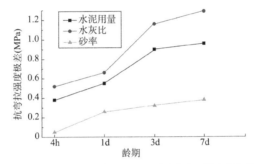

图4.4　各因素下抗弯拉强度极差随龄期发展的变化规律

由图4.5a)可知,水泥用量的增加会使混凝土的抗弯拉强度提高,且水泥用量越大,随着龄期的发展混凝土抗弯拉强度的增幅越大。对磷酸镁水泥混凝土来说,可以通过增加磷酸镁水泥的用量,来提高混凝土的抗弯拉强度。

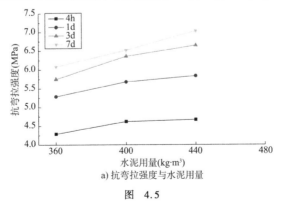

a) 抗弯拉强度与水泥用量

图　4.5

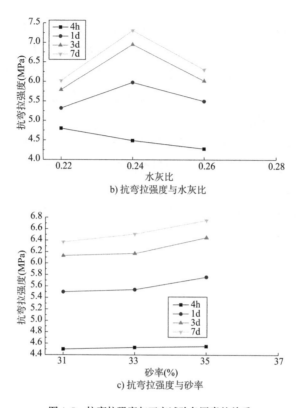

b) 抗弯拉强度与水灰比

c) 抗弯拉强度与砂率

图4.5 抗弯拉强度与正交试验各因素的关系

由图4.5b)可知,当龄期为4h时,混凝土抗弯拉强度随水灰比增大而下降,水灰比为0.22时抗弯拉强度最大,这是因为较小的水灰比会使得水化反应相对集中,这种水化反应的集中放热更能促进水化反应的进行,所以混凝土早期强度较高。从图中可以发现,1d、3d、7d龄期下,当水灰比为0.22时,混凝土抗弯拉强度均较低,且强度增长缓慢,这是因为水灰比为0.22时,混凝土的水含量较低,混凝土试件制备时较干,且硬化快,所以水泥对集料包裹得不好,试件孔隙率较高,故后期强度增长慢,且强度较低。而水灰比为0.24时,磷酸镁水泥混凝土具有最优良的抗弯拉强度,且随龄期发展而稳定增长。这是因为在此水灰比条件下,水泥浆能够较好地与集料相结合,且混凝土中的自由水较少,试件孔隙率较低。

由图4.5c)可知,砂率对混凝土抗弯拉强度的影响相对较小,其规律为砂率越大,抗弯拉强度越高。这是因为当砂率大时,混凝土中细集料含量相应增多,砂的增多会使混凝土试件更密实。

根据正交试验结果可以得出每个龄期抗弯拉强度最高的最优混凝土配合比：4h 为 A3B1C3，1d 为 A2B2C3，3d 为 A3B2C1，7d 为 A3B2C1，结合图 4.5 试验结果，综合考虑三因素影响程度和效果，混凝土的最优配合比为 A3B2C3。从理论上来讲，该配合比下，磷酸镁水泥混凝土具有最优良的抗弯拉强度，但是水泥用量的增多会增加费用，且会使混凝土的收缩增大，造成开裂。而 A2B2C3 的配合比，也可以满足抗弯拉强度的需求，且经济效益更好，故最优配合比为 A2B2C3。考虑尺寸换算系数 0.85，此配合比下的 7d 龄期磷酸镁水泥混凝土抗弯拉强度为 6.27MPa。

三、混凝土抗压试验结果与分析

磷酸镁水泥混凝土不同配合比条件下的抗压强度正交试验结果如表 4.5 所示。

抗压强度正交试验结果　　　　　　　　　　　　表 4.5

试验号	因　　素			抗压强度（MPa）			
	A	B	C	4h	1d	3d	7d
1	A1	B1	C1	41.57	45.64	47.20	50.39
2	A1	B2	C2	38.18	49.92	55.76	59.43
3	A1	B3	C3	34.66	42.96	48.52	51.73
4	A2	B1	C2	45.45	50.24	52.92	57.14
5	A2	B2	C3	40.87	53.98	59.19	64.28
6	A2	B3	C1	38.81	47.86	53.31	56.18
7	A3	B1	C3	47.69	51.13	53.88	56.09
8	A3	B2	C1	44.51	58.06	65.72	72.45
9	A3	B3	C2	40.52	49.02	54.55	58.09
$\overline{K}_1^1$	38.14	44.91	41.63				
$\overline{K}_2^1$	41.71	41.19	41.38				
$\overline{K}_3^1$	44.24	38.00	41.08				
R^1	6.10	6.91	0.55				
$\overline{K}_1^2$	46.17	49.00	50.52				
$\overline{K}_2^2$	50.69	53.99	49.73				
$\overline{K}_3^2$	52.74	46.61	49.35				
R^2	6.56	7.37	1.17				

续上表

试验号	因 素			抗压强度（MPa）			
	A	B	C	4h	1d	3d	7d
$\overline{K}_1^3$	50.49	51.33	55.41				
$\overline{K}_2^3$	55.14	60.22	54.41				
$\overline{K}_3^3$	58.05	52.12	53.86				
R^3	7.56	8.10	1.54				
$\overline{K}_1^4$	53.85	54.54	59.67				
$\overline{K}_2^4$	59.20	65.39	58.22				
$\overline{K}_3^4$	62.21	55.33	57.37				
R^4	8.36	10.06	2.31				

由表4.5可知,随着龄期的发展,受各因素影响,水泥抗压强度极差存在差异,4h龄期时,水泥用量极差为6.10MPa,水灰比极差为6.91MPa,砂率极差为0.55MPa;1d龄期时,水泥用量极差为6.56MPa,水灰比极差为7.37MPa,砂率极差为1.17MPa;3d龄期时,水泥用量极差为7.56MPa,水灰比极差为8.10MPa,砂率极差为1.54MPa;7d龄期时,水泥用量极差为8.36MPa,水灰比极差为10.06MPa,砂率极差为2.31MPa。所以不论任何龄期,三种因素对抗压强度的影响程度均为水灰比>水泥用量>砂率。

由图4.6可以看出,任何龄期时,水灰比的极差在三个因素中均最大,说明在混凝土的抗压强度增长过程中,水灰比的影响程度最大,且随着龄期的发展,各个因素对混凝土抗压强度的影响都是逐渐增大的,所以配合比选取得越好,混凝土的后期抗压强度增长效果越好。抗压强度极差与抗弯拉强度极差相同,砂率的影响程度均最小。

由图4.7a)可知,水泥用量对混凝土抗压强度的影响较规律,4个龄期均为水泥用量越大,磷酸镁水泥混凝土抗压强度越高,且水泥用量越大,不同龄期混凝土抗压强度增长越快,说明水泥用量和抗压强度呈正比。但是通过净浆化学收缩试验可

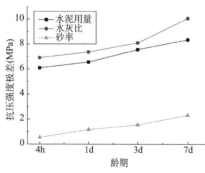

图4.6 各因素下抗压强度极差随龄期发展的变化规律

知,水泥用量越大,水泥在水化反应完成后的化学收缩越大,进而造成混凝土的收缩越大,所以水泥用量虽然对混凝土强度来说是越大越好,但是用量越大对混凝土体积稳定性越不利。

从图4.7b)可以看出,当龄期为4h时,水灰比越小,混凝土强度越高,这是因为水灰比小会使得早期水泥水化反应较为集中,相应的水泥热量集中,集中的热量会进一步促进水泥的水化反应。但是随着龄期的发展,从图中可以看出,水灰比为0.22时,混凝土强度的增加幅度很小,试验中此水灰比的试件成型时较干,说明水灰比过小,混凝土的流动性较差,振捣时混凝土试件的密实度不好,故后期强度较低。水灰比为0.26与0.24时符合混凝土水灰比越小,强度越高的规律,水灰比为0.24时,水泥后期强度增长率高于水灰比为0.22时,但比水灰比为0.24时小。而水灰比为0.24时,除了4h龄期抗压强度低于水灰比为0.22时,其余龄期抗压强度均最高,说明水灰比为0.24时为磷酸镁水泥最优水灰比。

由图4.7c)可知,磷酸镁水泥混凝土抗压强度与砂率的关系为,随着砂率的增大,混凝土强度降低,且这种规律随着混凝土龄期的增长,变得越来越明显。这说明砂率对混凝土的后期抗压强度起着重要的作用,砂率和抗压强度之所以存在这种关系,是因为砂率大时,混凝土粗集料相应减少,而粗集料是承担混凝土抗压强度的重要部分,所以磷酸镁水泥混凝土的抗压强度会相应降低。此外,砂率过大还会增加集料的总表面积,使混凝土拌合料的黏聚性下降,这也会使得混凝土强度降低。

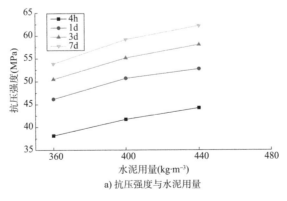

a) 抗压强度与水泥用量

图 4.7

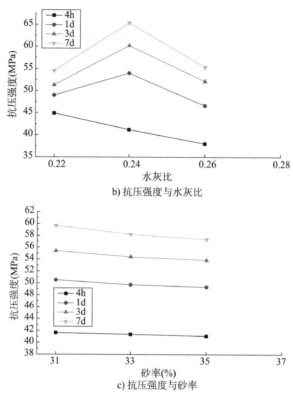

b) 抗压强度与水灰比

c) 抗压强度与砂率

图4.7　抗压强度与正交试验各因素的关系

　　根据正交试验结果可以得出每个龄期抗压强度最高的最优混凝土配合比:4h为 A3B1C3,1d 为 A3B2C1,3d 为 A3B2C1,7d 为 A3B2C1,结合图 4.7 试验结果,综合考虑三因素影响程度和效果,混凝土的最优配合比为 A3B2C1。从理论上来讲,该配合比下,磷酸镁水泥混凝土具有最优良的抗压强度,但是与抗弯拉强度同理,水泥用量的增多会增加费用,且会使混凝土的收缩增大,造成开裂。而配合比为 A2B2C1 时,混凝土也可以满足抗压强度需求,且经济效益更好,故最优配合比为 A2B2C1。

第四节　磷酸镁水泥混凝土抗冻耐久性试验

　　机场混凝土道面长期暴露于空气中,很容易受到外界环境温度的影响,尤其在西北地区,昼夜温差较大,冬季更是长而寒冷,长期受到冻融循环的影响,而冻融循环是导致混凝土结构过早破坏的主要原因之一。冻融循环,顾名思义,是指水因为温度发生相变的循环过程,当温度高于0℃时,道面上的冰融化成水,顺着毛细孔和表面的孔隙侵入混凝土内部,而当温度降为0℃以下时,水又凝结为冰,相变的体积变化导致混凝土内部产生膨胀应力,使得混凝土内部结构出现裂缝。这种现象随着温度的变化周而复始,会使混凝土内部结构损坏,失去承载能力。磷酸镁水泥混凝土作为可用于低温的修复材料,对于其抵抗冻融循环的能力的研究是非常必要的,因为它直接决定了修复材料的耐久性能。故本节通过室内冻融试验对磷酸镁水泥混凝土的抗冻耐久性能进行研究。

一、试验方案

(1)试验仪器:HDD-Ⅱ型单面冻融试验机(图4.8)、DT-20型混凝土动弹仪(图4.9)、电子秤、烘干箱。

图4.8　HDD-Ⅱ型单面冻融试验机　　　　图4.9　DT-20型混凝土动弹仪

(2)试验方法:依据《普通混凝土长期性能和耐久性能试验方法标准》(GB/T 50082—2009)进行磷酸镁水泥混凝土的单面冻融循环试验。采用正交试验配合比制备9组磷酸镁水泥混凝土小梁试件(100mm×100mm×400mm),每组3个试件,龄期均为7d。为避免水分对小梁试件其他面产生干扰影响试验结果,用锡纸将其他5个面包裹起来,在试件4个侧面均距底面留出15mm高度,确保混凝土能够和液面充分接触。试件包裹好后放入冻融箱中,在每个水槽内加水至淹没试件1cm左右,如图4.8所示,然后关闭盖板,运行程序。

冻融循环程序设置如表4.6所示。

冻融循环程序设置 表4.6

温度变化范围设置	$(-20 \pm 2) \sim (20 \pm 2)$ ℃
循环周期	12h
降温和升温时间	4h
恒温时间	2h

本试验通过研究磷酸镁水泥混凝土表面剥落物质量和相对动弹模量这两个指标来对混凝土的抗冻耐久性能进行评价，每10次冻融循环进行一次测量。

表面剥落物质量测量:取出小梁试件，利用滤纸收集散落于水槽中的混凝土剥落碎屑，放入烘干箱中进行烘干处理，然后称重并记录单次剥落质量。混凝土的单个试件单位表面面积剥落物质量计算方法如下所示:

$$m_n = \frac{\sum \mu_s}{A} \times 10^6 \qquad (4.7)$$

式中:m_n——冻融循环 n 次后单个试件单位表面面积剥落物质量，g/m²;

μ_s——每次试验间隙所得到的试件剥落物质量，g，精确至0.01g;

A——单个试件测试表面面积，mm²。

混凝土相对动弹模量测量:取出小梁试件后，对小梁试件称重，将测量质量输入动弹仪中，然后进行测量，可测出混凝土的动弹模量和自振频率，进行冻融循环试验前，进行一次初始测量，试验中每10次循环进行一次测量。相对动弹模量计算方法如下所示:

$$P_n = \frac{W_n f_n^3}{W_0 f_0^3} \times 100\% \qquad (4.8)$$

式中:P_n——试件冻融循环 n 次后的相对动弹模量，%;

f_0——试件冻融循环前的自振频率，Hz;

f_n——试件冻融循环 n 次后的自振频率，Hz;

W_0——试件冻融循环前的质量，kg;

W_n——试件冻融循环 n 次后的质量，kg。

二、试验结果与分析

1.单位表面面积剥落物质量

正交试验设计的9组配合比下磷酸镁水泥混凝土单位表面面积剥落物质量随

冻融循环次数的变化如表4.7所示。

单位表面面积剥落物质量 m_n（g·m^{-2}）   表4.7

冻融次数	单位表面面积剥落物质量								
	1	2	3	4	5	6	7	8	9
0	0	0	0	0	0	0	0	0	0
10	33	17.5	19	35.5	16.25	20.75	39.5	19.75	24.5
20	68	36.75	45.75	84.5	35.5	50.25	92.5	41.25	56.25
30	105.5	56.75	74.75	138.25	55.25	80.5	148.5	64	91
40	152.25	79.25	104.25	193.25	79.25	111.25	207.75	91	126.75
50	205.25	104.25	137.25	250	106	146.5	270	120.75	167.25
60	259.75	129.25	176.25	322.5	135.25	188.25	348	154.25	213
70	315.5	155.25	215.5	396	165.75	231	429.25	189	262.25
80	372	186	259	474	198.25	277.5	514.5	226.75	316.25
90	433.5	230.25	324.5	557.25	235.25	343.25	604	269	389.75
100	532.75	279.5	410.25	668.5	306.75	437.25	742.25	350	469.25

9组配合比下磷酸镁水泥混凝土的单位表面面积剥落物质量随冻融循环次数的变化规律如图4.10所示。

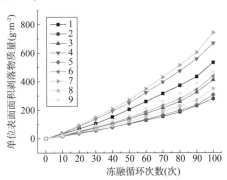

图4.10 单位表面面积剥落物质量与冻融循环次数的关系

由图4.10可知,冻融循环的次数越多,混凝土单位表面面积剥落物质量越大,且随着循环次数的增加,单位表面面积剥落物质量的曲线斜率越来越大。其中7号配合比下的磷酸镁水泥混凝土剥落速率最快,4号和1号配合比下的磷酸镁水泥混凝土剥落速率次之,2号、5号、8号配合比下的磷酸镁水泥混凝土剥落速率最慢,说明 2 号、5 号、8 号配合比下的磷酸镁水泥混凝土具有较好的抗冻融表面剥落能力。且从图中可以看出,除了 7 号和 4 号以外,其他配合比下的磷酸镁水泥混凝土变化趋势较平缓,没有出现单位表面面积剥落物质量大幅增加的现象,这说明混凝土的表面还没有因为冻融循环作用出现崩溃现象。可以推断,随着冻融循环次数的继续增加,变化趋势与 100 次之前较为相似,只有 7 号和 4 号配合比下的混凝土在 90 次循环后,单位表面面积剥落物质量明显增大,说明其表面濒临崩溃,若再进行冻融循环,单位表面面积剥落物质量将会急剧增大。选取 100 次循环的最终单位表面面积剥落物质量为最终值,进行正交试验分析,如表 4.8 所示。

单位表面面积剥落物质量正交试验表   表 4.8

试 验 号	因 素			100 次冻融循环
	A	B	C	单位表面面积剥落物质量($g \cdot m^{-2}$)
1	A1	B1	C1	532.75
2	A1	B2	C2	279.5
3	A1	B3	C3	410.2
4	A2	B1	C2	668.5
5	A2	B2	C3	306.75
6	A2	B3	C1	437.25
7	A3	B1	C3	742.25
8	A3	B2	C1	350
9	A3	B3	C2	469.25
$\overline{K}_1$	407.50	647.83	440.00	
$\overline{K}_2$	470.83	312.08	472.42	
$\overline{K}_3$	520.50	438.92	486.42	
R	113	335.75	46.42	

从表 4.8 可以看出,水泥用量、水灰比和砂率都对混凝土冻融循环后的单位表面面积剥落物质量有一定影响,其极差分别为:水泥用量为 113g/m²,水灰比为 335.75g/m²,砂率为 46.42g/m²。所以三种因素对单位表面面积剥落物质量的影响程度为水灰比>水泥用量>砂率。混凝土抗冻性的好坏,归根结底取决于混凝土的密实度大小,也可以说是孔隙率及孔结构,水灰比对混凝土的密实度和孔隙率

影响最大,所以其为影响程度最大的因素。正交试验中各因素对于混凝土单位表面面积剥落物质量的影响效应曲线如图4.11所示。

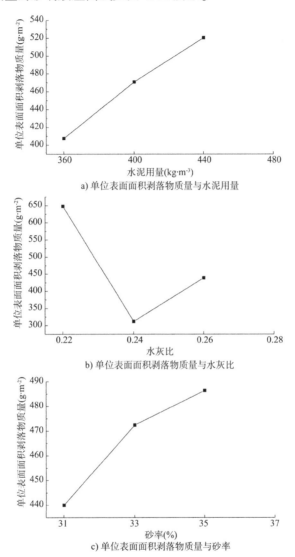

a) 单位表面面积剥落物质量与水泥用量

b) 单位表面面积剥落物质量与水灰比

c) 单位表面面积剥落物质量与砂率

图4.11 单位表面面积剥落物质量与各因素的关系

由图4.11a)可知,随着水泥用量的增加,单位表面面积剥落物质量越来越大,这是因为水泥是混凝土的胶凝材料,起到粘结粗集料和细集料,使之成为一个密实整体的作用。而冻融循环的连续作用,最后导致混凝土结构崩溃,其实是胶凝材料由于冻融作用崩溃,失去粘结作用。而当混凝土中水泥含量增多时,混凝土表面的水泥砂浆含量相应增多,冻融循环反复作用,导致表面的水泥砂浆大量脱落,故水泥用量越多,单位表面面积剥落物质量越大。这种剥落变化有一个特点,即早期由于水泥用量较多,密实度较好,所以单位表面面积剥物落质量较小,而冻融循环次数越多,单位表面面积剥落物质量变化率越大。

由图4.11b)可知,磷酸镁水泥混凝土水灰比为0.24时,其抗冻融能力最强。水灰比过小时,混凝土凝结时间短,硬化过快,导致振捣效果不好,混凝土试件成型后,表面大孔隙和大空洞较多,所以冻融循环对表面的损害较为严重,故单位表面面积剥落物质量最大。而水灰比过大时,混凝土中自由水较多,且随着水化放热的增多,自由水易蒸发,使得混凝土形成小气孔,这种小气孔存在于混凝土表面,会使得冻融循环作用后单位表面面积剥落物质量较大。而水灰比为0.24时,混凝土的整体致密性较好,水灰比较为合适,冻融循环作用对其影响最小,故单位表面面积剥落物质量最小。

由图4.11c)可知,随着砂率的增大,混凝土中粗、细集料的总表面积增大,这会降低混凝土拌合物的黏聚性,导致混凝土各组分材料之间的粘结力下降,更重要的是,砂率增大,则混凝土表面砂浆含量增大,冻融循环作用会使得砂浆的单位表面面积剥落物质量增大,这与水泥用量增大导致单位表面面积剥落物质量增大的原理相似。

所以根据正交试验分析,得出混凝土表面性能最优的配合比应为单位表面面积剥落物质量最小的配合比,即为A1B2C1。

2. 相对动弹模量

正交试验设计的9组配合比下磷酸镁水泥混凝土相对动弹模量随冻融循环次数的变化如表4.9所示。

相对动弹模量 P_n(%)   表4.9

冻融循环次数(次)	相对动弹模量								
	1	2	3	4	5	6	7	8	9
0	100	100	100	100	100	100	100	100	100
10	96.48	90.49	92.23	97.05	99.66	99.57	99.97	98.92	99.41
20	93.40	90.05	91.88	95.20	99.20	98.88	98.44	98.05	98.43

续上表

冻融循环	相对动弹模量								
次数(次)	1	2	3	4	5	6	7	8	9
30	92.44	89.35	91.40	93.62	98.72	98.06	96.92	96.95	97.32
40	91.58	88.32	89.90	92.48	98.22	97.01	94.53	95.98	96.50
50	87.00	87.50	86.42	91.51	97.49	96.27	92.21	94.93	95.40
60	82.14	86.44	85.23	89.71	96.84	95.40	90.28	93.41	95.13
70	77.21	85.32	84.64	88.97	96.18	94.56	87.37	91.23	93.90
80	73.93	84.08	84.00	85.89	95.53	93.67	85.10	89.63	92.74
90	69.15	83.41	82.56	83.02	94.79	91.75	82.50	87.72	91.23
100	65.17	82.54	80.68	80.55	94.40	89.87	79.88	85.62	88.63

9组配合比下磷酸镁水泥混凝土的相对动弹模量随冻融循环次数的变化规律如图4.12所示。

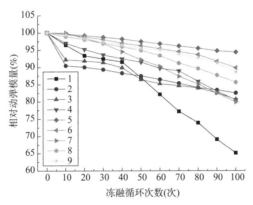

图4.12 相对动弹模量与冻融循环次数的关系

由图4.12可知,磷酸镁水泥混凝土的相对动弹模量,随着冻融循环次数的增加,均呈下降的趋势,而不同配合比下的磷酸镁水泥混凝土相对动弹模量的下降速率和下降幅度不同。其中5号、6号、8号和9号四组配合比下,混凝土的相对动弹模量下降趋势较为平缓,说明经历多次冻融循环,对混凝土的整体影响不大,混凝土的耐久性较好。而1号、2号、3号、4号和7号配合比下的混凝土抗冻耐久性相对较差,1号配合比的混凝土相对动弹模量下降速率最快,且100次冻融循环后相对动弹模量降为65.17%,其抗冻耐久性最差;而2号和3号配合比下的混凝土,早期10次冻融循环的影响较大,所以早期相对动弹模量下降较快,而随着冻融循环次数的增加,下降趋势渐渐变缓,最终相对动弹模量高于 1 号配合比下的混凝土。选取 100 次冻融循环的最终相对动弹模量,对其进行正交试验分析,如表 4.10 所示。

相对动弹模量正交试验表 　　　　表 4.10

试　验　号	因　　素			100 次冻融循环
	A	B	C	相对动弹模量(%)
1	A1	B1	C1	65.17
2	A1	B2	C2	82.54
3	A1	B3	C3	80.68
4	A2	B1	C2	80.55
5	A2	B2	C3	94.4
6	A2	B3	C1	89.87
7	A3	B1	C3	79.88
8	A3	B2	C1	85.62
9	A3	B3	C2	88.63
$\overline{K}_1$	76.13	75.20	80.22	
$\overline{K}_2$	88.27	87.52	83.91	
$\overline{K}_3$	84.71	86.39	84.99	
R	12.14	12.32	4.77	

　　由表 4.10 可以看出,水泥用量、水灰比和砂率都对混凝土冻融循环后的相对动弹模量有一定影响,其极差分别为:水泥用量为 12.14%,水灰比为 12.32%,砂率为 4.77%。所以三种因素对相对动弹模量的影响程度为水灰比 > 水泥用量 > 砂率。而从极差可以看出,水灰比和水泥用量对其影响较为接近,因为水灰比和水泥用量对混凝土的密实度起着非常重要的作用,所以影响程度较大。正交试验中各因素对混凝土相对动弹模量的影响效应曲线如图 4.13 所示。

　　由图 4.13a)可知,水泥用量为 400kg/m³ 时,混凝土的相对动弹模量最高,因为水泥作为胶凝材料在混凝土中存在,对粗集料和细集料起到粘结的作用。当水泥用量较小时,在总质量一定的情况下,粗、细集料的比例增大,集料的总表面积则会随之增大,而水泥含量少,会导致粘结效果较差,混凝土孔隙较多,甚至内部存在缺陷,所以在冻融循环的作用下,混凝土相对动弹模量急速下降。而当水泥用量较大时,由于冻融作用对混凝土的主要影响对象就是胶凝材料,故混凝土受冻融作用影响较大,相对动弹模量也较低,所以合适的水泥用量才会使得混凝土在冻融循环作用下还能具有较高的相对动弹模量。

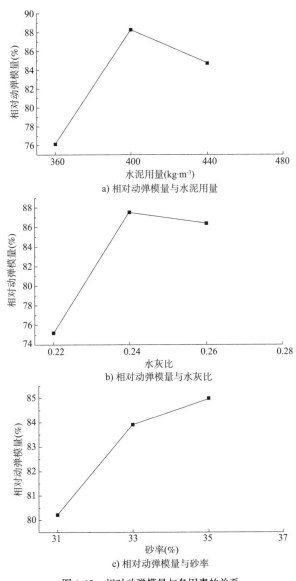

a) 相对动弹模量与水泥用量

b) 相对动弹模量与水灰比

c) 相对动弹模量与砂率

图4.13　相对动弹模量与各因素的关系

由图 4.13b)可知,水灰比为 0.24 时,混凝土的相对动弹模量最高,这是因为水灰比较小时,混凝土凝结时间较短,振捣效果不好,混凝土试件成型后,内部缺陷和孔隙较大,在冻融循环作用下,水很容易侵入混凝土内部,破坏混凝土内部结构,因此相对动弹模量下降较快。而当水灰比较大时,混凝土中自由水较多,随着水化放热的增多而蒸发,在混凝土内部形成小气孔,而且在冻融循环的作用下,水也容易侵入混凝土内部,破坏混凝土内部结构,使得相对动弹模量下降,所以选用合适的水灰比才能配制出密实度高、抗冻耐久性好的混凝土试件。

由图 4.13c)可知,在冻融循环的反复作用下,随着砂率的增大,混凝土的相对动弹模量下降较慢。这是因为砂率较小时,混凝土中粗集料相对较多,粗集料之间的结合孔隙较大,没有足够的砂浆进行填充,使得混凝土试件内部存在较大缺陷,所以在冻融循环作用下,相对动弹模量下降较快。而当砂率增大时,细集料能够充分填充粗集料之间的孔隙,增强混凝土的致密性,所以在冻融循环作用下,相对动弹模量下降较慢。

根据正交试验分析可知,混凝土相对动弹模量最优的配合比为 A2B2C3。

第五节　本章小结

本章对适用于低温环境下的磷酸镁水泥混凝土的最优组成设计进行了试验研究,得出如下结论:

(1)通过正交试验设计,研究了各因素对磷酸镁水泥混凝土抗弯拉强度的影响程度为水灰比 > 水泥用量 > 砂率,通过混凝土的抗弯拉强度试验得出抗弯拉强度最高的配合比为 A3B2C3,综合考虑经济性及性能因素下最优配合比为 A2B2C3。

(2)通过正交试验设计,研究了各因素对磷酸镁水泥混凝土抗压强度的影响程度为水灰比 > 水泥用量 > 砂率,通过混凝土的抗压强度试验得出抗压强度最高的配合比为 A3B2C1,综合考虑经济性及性能因素下最优配合比为 A2B2C1。

(3)通过正交试验设计,研究了冻融循环作用下各因素对磷酸镁水泥混凝土单位表面面积剥落物质量的影响程度为水灰比 > 水泥用量 > 砂率,得出混凝土表面性能最优的配合比应为单位表面面积剥落物质量最小的配合比,即 A1B2C1。

(4)通过正交试验设计,研究了冻融循环作用下各因素对磷酸镁水泥混凝土相对动弹模量的影响程度为水灰比 > 水泥用量 > 砂率,得出混凝土相对动弹模量最优的配合比为 A2B2C3。

(5)综合考虑抗弯拉强度、抗压强度以及整体抗冻耐久性,适用于低温环境下的磷酸镁水泥混凝土最优配合比为 A2B2C2,即水泥用量为 $400kg/m^3$、水灰比为 0.24,砂率为 33%。

第五章
磷酸镁水泥混凝土粘结性能研究

第四章对磷酸镁水泥混凝土的配合比进行了较为系统的研究,通过各种性能试验,得出各方面性能较为平衡的适用于低温环境的磷酸镁水泥混凝土最优配合比,且通过试验可以看出,磷酸镁水泥混凝土的各方面性能都优于普通硅酸盐水泥混凝土。对于混凝土的修复结构而言,新旧混凝土的粘结界面是修复结构的最薄弱环节,其强度比修复混凝土和旧混凝土都低。因此粘结界面的强度是混凝土修复工程能否成功的关键因素,只有粘结界面具有良好的强度,混凝土的整体结构才能具有较好的强度,同时,修复结构的破坏,通常也是从粘结界面开始的,所以对于混凝土粘结性能的研究是必要的。本章选取不同粘结界面表面处理方法和不同界面粘结剂,通过粘结劈裂和粘结直剪两种试验方法对粘结界面强度进行测试,研究新旧混凝土的最优粘结方式,然后对最优粘结方式的粘结界面进行疲劳试验,了解粘结界面的疲劳性能。

第一节　新旧混凝土粘结性能影响因素

对于混凝土的修复工程而言,影响粘结界面强度的因素主要有以下几点:水泥种类、粘结界面表面处理方法和界面粘结剂。通过前面章节的试验已知磷酸镁水泥的化学收缩小于普通硅酸盐水泥,但是相差不大,故两种水泥具有较为相近的体积稳定性,且磷酸镁水泥混凝土的早期强度较高,后期强度也高于普通硅酸盐水泥混凝土,所以磷酸镁水泥混凝土是较为优良的混凝土修复材料。本节主要对粘结界面表面处理方法和界面粘结剂进行分析。

一、粘结界面表面处理方法

旧混凝土的表面状态是影响新旧混凝土粘结的重要因素之一,不同的旧混凝土表面状态会对新旧混凝土的粘结界面产生不同的影响。其中最为重要的就是旧混凝土表面粗糙度和表面清洁度,因为粗糙度的提高可以有效增加两种材料的接触面积,通过提高两种混凝土接触面的机械咬合力,增强新旧混凝土的粘结力。而表面清洁度对混凝土的粘结也起着非常重要的作用,因为旧混凝土表面附着物,如灰尘、油污等都会在两种混凝土中成为第三层界面,影响混凝土的粘结。目前工程中较为常见的混凝土表面处理方法有人工凿毛法、钢刷刷净法、高压水射法、酸侵蚀法、刻槽法、电锤凿毛法等,这些方法各有优缺点,本书根据实际情况和室内试验可行性选取以下三种。

1.刻槽法

刻槽法是指使用刻槽机在旧混凝土表面固定深度和宽度进行间隔刻槽,使其表面成为规则、均匀的粗糙面。

2.人工凿毛法

人工凿毛法是指用铁锤或凿子对旧混凝土表面进行敲打,使其表面产生不规则凹凸界面。

3.电锤凿毛法

电锤凿毛法是指用电锤对旧混凝土表面进行凿毛处理,使其表面产生不规则凹凸界面。

不论采用哪种表面处理方法,在处理完毕后,都应用水冲刷旧混凝土表面,除去其表面附着物,保证混凝土表面清洁度,这对新旧混凝土的粘结具有重要作用。采用不同方法对旧混凝土表面进行处理,会使其粗糙度有一定差异,本书应用灌砂法测试不同方法处理后的旧混凝土表面粗糙度。

二、界面粘结剂

将磷酸镁水泥净浆、磷酸镁水泥砂浆和不掺加界面粘结剂定义为界面粘结剂的三种水平。因为要想使新旧混凝土具有良好的粘结性能,粘结材料需要具备粘结力较好,凝结时间短,弹性模量、热膨胀系数都与混凝土较为接近等特点。只有具备这些特点,新旧混凝土才能更近似于一个整体结构,不会因为温度或者受力的变化不均匀从粘结界面脱开。

第二节 混凝土试件的制备

一、原材料

水泥:普通水泥为耀县牌42.5R硅酸盐水泥,修复水泥为自制磷酸镁水泥。

粗集料:粗集料所用碎石均为石灰岩碎石,其中大石最大粒径为40mm,表观密度为 $2.67 \times 10^3 kg/m^3$,小石最大粒径为20mm,表观密度为 $2.65 \times 10^3 kg/m^3$。普通混凝土应用5~20mm和20~40mm粗集料,磷酸镁水泥混凝土应用5~10mm和10~20mm粗集料。

细集料:细集料选取西安灞河Ⅱ区中砂,表观密度为 $2.62 \times 10^3 kg/m^3$,细度模数为 $M_x = 2.65$。

水:符合国家标准的生活用水。

二、新旧混凝土配合比

普通硅酸盐水泥混凝土参考《军用机场场道工程施工及验收规范》(GJB 1112A—2004)采用绝对密实体积法进行配合比设计,经过多次试拌,最终选取的配合比如表5.1所示。

普通硅酸盐水泥混凝土基准配合比　　　　　　表5.1

材料	水泥 $(kg \cdot m^{-3})$	水 $(kg \cdot m^{-3})$	砂 $(kg \cdot m^{-3})$	粗集料 $(kg \cdot m^{-3})$	
				5~20mm	20~40mm
用量	320	140	598	573	860

磷酸镁水泥混凝土根据第四章试验得出的最优配合比A2B2C2进行制备,其配合比如表5.2所示。

磷酸镁水泥混凝土基准配合比　　　　　　表5.2

材料	水泥 $(kg \cdot m^{-3})$	硼砂 $(kg \cdot m^{-3})$	水 $(kg \cdot m^{-3})$	砂 $(kg \cdot m^{-3})$	粗集料 $(kg \cdot m^{-3})$	
					5~10mm	10~20mm
用量	400	15	96	639.87	519.65	779.48

三、旧混凝土试件制备

普通硅酸盐水泥混凝土试件制备时的配合比如表 5.1 所示,浇筑于 150mm × 150mm × 75mm 的半立方体试件、100mm × 100mm × 200mm 的半长方体小梁试件中用来模拟旧道面混凝土。浇筑完成后 1d 脱模,然后放入标准养护箱[养护温度(20 ± 2)℃,湿度95% 以上]内养护 28d,如图 5.1 所示。

a) 半立方体试件   b) 半长方体小梁试件

图 5.1 养护 28d 后的试件

四、复合混凝土试件制备

试验采用 150mm × 150mm × 150mm 的复合立方体试件进行劈裂试验,复合立方体试件由两部分组成,分别为普通硅酸盐水泥混凝土和磷酸镁水泥混凝土。复合试件的制作方法如下所示。

本试验采用三种粘结界面表面处理方法,分别是人工凿毛法、电锤凿毛法和刻槽法,并通过灌砂法测量平均灌砂深度来表征其表面粗糙度。平均灌砂深度计算公式如下所示:

$$H_s = \frac{V_s}{A_s} \tag{5.1}$$

式中:H_s——平均灌砂深度,mm;

$\quad V_s$——灌入砂的总体积,mm^3;

$\quad A_s$——混凝土处理表面面积,mm^2。

将养护 28d 的 150mm × 150mm × 75mm 半立方体普通硅酸盐水泥混凝土试件

从养护箱中取出,对混凝土表面进行如下处理:

Ⅰ型界面:用凿毛锤对养护完成的硅酸盐水泥混凝土试件进行人工凿毛处理,由于混凝土边缘容易碎裂,所以人工凿毛时在混凝土边缘留出1cm空间,平均灌砂深度为2.5mm,如图5.2所示。

Ⅱ型界面:用电锤对普通硅酸盐水泥混凝土的表面进行凿毛处理,由于混凝土边缘容易碎裂,所以使用电锤凿毛时在混凝土边缘留出1cm空间,平均灌砂深度为5.8mm,如图5.3所示。

图5.2　Ⅰ型界面　　　　　　　　　　图5.3　Ⅱ型界面

Ⅲ型界面:用刻槽机对普通硅酸盐水泥混凝土试件表面进行刻槽处理,刻槽宽度为15mm,深度为15mm,平均灌砂深度为7.7mm,如图5.4所示。

表面处理完成后,用水冲刷混凝土表面,去除浮灰和水泥碎渣,确保表面清洁度。然后将试件处理面朝上,放入模具底部固定,在混凝土表面上分别进行涂抹磷酸镁水泥净浆、涂抹磷酸镁水泥砂浆和不涂抹界面粘结剂三种处理。之后将新拌的磷酸镁水泥混凝土倒入模具,在振动台上振捣成型,试验过程如图5.5所示。然后放入养护箱[温度(20±2)℃,湿度50%]中进行自然养护,2h后即可

图5.4　Ⅲ型界面

脱模,分别于4h、3d、7d三个龄期对混凝土试件进行劈裂试验和直剪试验,测试其粘结抗拉强度和粘结抗剪切强度。

a) 装入模具   b) 涂抹界面粘结剂

c) 振捣成型

图 5.5　复合混凝土立方体试件制备过程

第三节　粘结界面劈裂试验

一、试验方案

试验仪器:200T 万能试验机。

试验方法:试验参照《公路工程水泥及水泥混凝土试验规程》(JTG 3420—2020)中立方体水泥混凝土劈裂抗拉试验进行,将劈裂条放置于复合混凝土立方体试件的顶部和底部中间位置,加载速率设置为 0.08MPa/s。

劈拉强度计算：

$$f_{ts} = \frac{2}{\pi} \frac{F_{ts}}{A_{ts}}$$ (5.2)

式中：f_{ts}——复合混凝土试件劈拉强度，MPa；

　　　F_{ts}——复合混凝土试件劈裂极限荷载，N；

　　　A_{ts}——复合混凝土试件劈裂面面积，为 150mm×150mm，mm^2。

修复混凝土的劈拉强度试验设置三个因素，分别为粘结界面表面处理方法（A）、界面粘结剂（B）和龄期（C），每个因素设置三个水平（1、2、3）进行正交试验设计。其正交试验因素水平表如表 5.3 所示。

正交试验因素水平表 表 5.3

水平	因　　素		
	粘结界面表面处理方法（A）	界面粘结剂（B）	龄期（C）
1	Ⅰ型界面（凿毛锤）	无	4h
2	Ⅱ型界面（电锤）	磷酸镁水泥净浆	3d
3	Ⅲ型界面（刻槽机）	磷酸镁水泥砂浆	7d

由于本试验为三因素三水平正交试验，故采用 $L_9(3^4)$ 正交试验安排表，如表 5.4 所示。

$L_9(3^4)$ 正交试验安排表 表 5.4

试验号	因　　素			
	粘结界面表面处理方法（A）	界面粘结剂（B）	龄期（C）	空列
1	1	1	1	1
2	1	2	2	2
3	1	3	3	3
4	2	1	2	3
5	2	2	3	1
6	2	3	1	2
7	3	1	3	2
8	3	2	1	3
9	3	3	2	1

二、试验结果与分析

根据正交试验安排表,进行 9 组试验,每组选 3 个试件测试劈裂强度,测试结果取平均值。表 5.5 为复合混凝土粘结面劈裂试验结果,表中的试验结果为各组试件测试的平均值,$\overline{K}_i (i=1,2,3)$ 为各因素对应各水平的均值,R 表示极差。

复合混凝土粘结面劈裂试验结果　　　　　　　　　　　　表 5.5

试 验 号	因　　素			劈裂强度（MPa）
	A	B	C	
1	A1	B1	C1	1.16
2	A1	B2	C2	2.01
3	A1	B3	C3	1.98
4	A2	B1	C2	1.46
5	A2	B2	C3	2.39
6	A2	B3	C1	1.34
7	A3	B1	C3	1.53
8	A3	B2	C1	1.35
9	A3	B3	C2	1.92
$\overline{K}_1$	1.717	1.383	1.283	
$\overline{K}_2$	1.730	1.917	1.797	
$\overline{K}_3$	1.600	1.747	1.967	
R	0.130	0.534	0.684	

从表 5.5 可以看出,粘结界面表面处理方法的极差为 0.130MPa,界面粘结剂的极差为 0.534MPa,龄期的极差为 0.684MPa,所以三种因素对劈裂强度的影响程度为龄期 > 界面粘结剂 > 粘结界面表面处理方法。这是因为随着龄期的增长,磷酸镁水泥混凝土的强度快速增长,对混凝土的强度起着决定性的作用,而界面粘结剂对两种混凝土的粘结强度也具有较大影响。正交试验中各因素对劈裂强度的影响效应如图 5.6 所示。

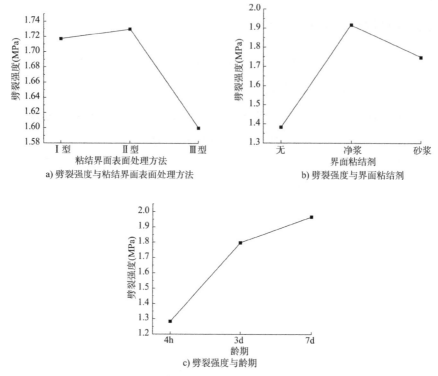

图5.6　劈裂强度与正交试验各因素的关系

从图5.6a)可以看出三种粘结界面中，Ⅲ型界面劈裂强度最低，Ⅰ型界面和Ⅱ型界面劈裂强度较为接近，其中Ⅱ型界面劈裂强度最高。从平均灌砂深度来说，Ⅲ型界面平均灌砂深度最大，劈裂强度却最低，这是因为在试验过程中发现，每组的3个试件，Ⅲ型界面离散性最大，通过分析得出，Ⅲ型界面用刻槽机处理后会对旧混凝土的结构产生一定的影响，还可能在混凝土内部和边缘造成一定缺陷，导致劈裂强度不高，并且因为切割后的凸起棱厚度小、表面光滑，使之成为脆性结构，无法在其表面进行进一步的凿毛处理，虽然整体灌砂深度较大，但是凸起棱接触面较为光滑，所以对强度的影响较大。而通过试验发现，Ⅰ型界面和Ⅱ型界面存在复合灌砂深度越大、粗糙度越大的规律，且粗糙度越大，粘结劈裂强度越高。

从图5.6b)可以看出，在粘结界面不施加界面粘结剂时，粘结劈裂强度最低，说明界面粘结剂的使用是有必要的。而磷酸镁水泥净浆作为界面粘结剂时，复合混凝土具有最优的粘结劈裂强度，这是因为磷酸镁水泥净浆强度较高，且硬化较快，能够很好地使硅酸盐水泥混凝土和磷酸镁水泥混凝土结合。磷酸镁水泥砂浆作为界面粘结剂时,复合混凝土的粘结劈裂强度略低于磷酸镁水泥净浆作为界面粘结剂的复合混凝土,但是通过前期试验可知,这两种界面粘结剂各有优缺点。磷酸镁水泥净浆强度高,但是由于水泥含量大,所以化学收缩较大,会在一定程度上对粘结效果产生影响。磷酸镁水泥砂浆粘结劈裂强度虽然低于磷酸镁水泥净浆,但是材料组分更接近磷酸镁水泥混凝土,在温度变化中,砂浆与混凝土的膨胀系数、弹性模量等更为接近,有利于混凝土的粘结,所以可以根据实际工程情况对两种界面粘结剂进行选择。

从图5.6c)可以看出,随着龄期的增长,复合混凝土的粘结劈裂强度持续增大。4h龄期时粘结劈裂强度为7d龄期的65.23%,说明磷酸镁水泥混凝土具有较好的早期粘结强度。而3d龄期之前,劈裂强度变化率较大,说明混凝土粘结强度提升速度很快,3d龄期时已经为7d龄期的91.36%,此时混凝土已经具有很好的粘结效果。

综上所述,在用混凝土修复时,旧混凝土表面处理中,Ⅱ型界面具有较好的稳定性和粘结强度,且磷酸镁水泥净浆作为界面粘结剂时,复合混凝土的粘结劈裂强度较高。

第四节　粘结界面直剪试验

一、试验装置

机场道面修复工程中,修复混凝土与旧混凝土完成粘结后,主要承受机轮碾压产生的力,而这样的受力方式,会在修复混凝土底部和旧混凝土接触面产生剪应力,这个剪应力也是修复粘结界面发生破坏的重要原因之一。劈裂试验主要测试的是新旧混凝土之间的劈裂抗拉性能,并不能对粘结界面的剪切性能进行评判。目前,国内并未在规范中明确对修复混凝土之间的粘结剪应力的测试方法和技术规定,文献中出现的剪切测试方法也多为垂直剪切或斜剪试验,不能很好地实现与实际机场道面修复工程更为贴近的混凝土水平直剪。故本试验根据实际需求设计并制作了水泥混凝土直剪试验装置。

水泥混凝土直剪试验装置主要针对新旧混凝土粘结直剪强度进行测量,采用尺寸为150mm×150mm×150mm的立方体试件,主要由加载装置、反力支架、剪切装置、测量装置、记录仪器五部分组成。加载装置包括SYB-1型手动液压油泵、

RSC-30100 型分离式千斤顶(30t)和 BHR-4 型测重传感器(30t);测量装置包括数字千分表和 GGD-330 型测量控制器。

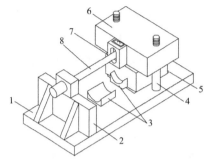

图 5.7 反力支架结构图

1-底板;2-侧板;3-垫块;4-固定杆;5-底板滑槽;6-上剪切盒;7-下剪切盒;8-拉杆装置

反力支架结构如图 5.7 所示。其中,底板是固定其他部件的基础;侧板,与底板焊接,提供反力;垫块,支撑并固定千斤顶和测重传感器;固定杆,与底板焊接,固定剪切盒;底板滑槽,两条滑槽分别设置 8 枚滚珠,保证下剪切盒可水平移动;上剪切盒,内部尺寸为 150mm × 150mm × 75mm,固定混凝土上半部分试件,穿过固定杆,配合侧板通过拉杆提供反力;下剪切盒,设置于滑槽上部,固定混凝土下半部分试件,可水平滑动;拉杆装置,固定上剪切盒,并传导反力。

二、试验方案

试验方案:粘结界面直剪试验方案与粘结界面劈裂试验方案相同,均采用正交试验方法,且因素水平一致,共进行 9 组试验,每组选 3 个试件,测量结果取平均值。

试验步骤:将上剪切盒取下,安装测重传感器和分离式千斤顶,并在左右两边分别固定数字千分表。然后放入复合混凝土试件,盖上上剪切盒以固定混凝土,用螺母将上剪切盒垂直固定于固定杆,用拉杆将上剪切盒水平固定,组装好的水泥混凝土直剪试验装置如图 5.8 所示。试验装置组装好后,通过分离式千斤顶人工匀速加载,直至复合混凝土剪切破坏发生。通过数字千分表(每秒 1 次)测量水平剪切位移,通过剪应力测量控制器(图 5.9)测定水平剪应力,两种设备均与数据采集仪相连接,直接将数据输入电脑中记录。

图 5.8 水泥混凝土直剪试验装置

图 5.9 剪应力测量控制器

复合混凝土试件直剪强度的计算：

$$f = \frac{F_s}{A_s} \tag{5.3}$$

式中：f——复合混凝土试件直剪强度，MPa；

F_s——复合混凝土试件直剪极限荷载，N；

A_s——复合混凝土试件剪切面面积，为 $150mm \times 150mm$，mm^2。

三、试验结果与分析

根据 $L_9(3^4)$ 正交试验安排表进行复合混凝土直剪试验，得到结果如表5.6所示。

直剪强度正交试验结果　　　表5.6

试　验　号	因　　素			直剪强度（MPa）
	A	B	C	
1	A1	B1	C1	2.49
2	A1	B2	C2	5.83
3	A1	B3	C3	7.19
4	A2	B1	C2	5.07
5	A2	B2	C3	7.43
6	A2	B3	C1	3.22
7	A3	B1	C3	5.37
8	A3	B2	C1	3.08
9	A3	B3	C2	5.57
$\overline{K}_1$	5.170	4.310	2.930	
$\overline{K}_2$	5.240	5.447	5.490	
$\overline{K}_3$	4.673	5.327	6.663	
R	0.567	1.137	3.733	

从表5.6可以看出，粘结界面表面处理方法的极差为0.567MPa，界面粘结剂的极差为1.137MPa，龄期的极差为3.733MPa，所以三种因素对粘结直剪强度与粘结劈裂抗拉强度的影响程度均为龄期＞界面粘结剂＞粘结界面表面处理方法。这

说明对于磷酸镁水泥混凝土来说,不施加养护的常温环境下,龄期对粘结强度的影响最大,而界面粘结剂对两种混凝土的粘结强度也有较大影响。正交试验中各因素对直剪强度的影响效应如图5.10所示。

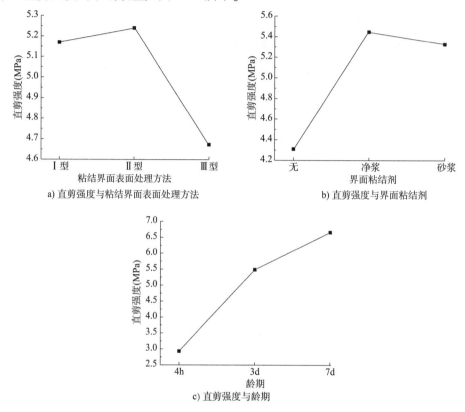

a) 直剪强度与粘结界面表面处理方法　　　　b) 直剪强度与界面粘结剂

c) 直剪强度与龄期

图5.10　直剪强度与正交试验各因素之间的关系

由图5.10a)可知,对于复合混凝土试件的直剪强度试验,I型界面和II型界面的直剪强度差别较小,III型界面直剪强度明显较低。为了更好地对粘结界面表面处理方法进行分析,选取了较为典型的三种界面处理方法的直剪破坏断面图,如图5.11所示。I型界面和II型界面断面图较为相似,均为旧混凝土的边缘处断裂,有较为明显的断面。从图5.11c)可以看出,由于刻槽机对旧混凝土的作用,混凝土凸起棱较窄,所以在粘结剪切中全部断裂,使得复合混凝土的粘结直剪强度较低。

由图5.10b)可知,不使用任何界面粘结剂,对复合混凝土直剪强度影响较大。将磷酸镁水泥净浆作为界面粘结剂时,混凝土直剪强度最大。磷酸镁水泥砂浆作为界面粘结剂时,混凝土直剪强度略低于水泥净浆作为界面粘结剂的混凝土,造成这种现象的原因与粘结劈裂试验相同。从图5.10c)可以看出,随着龄期的增长,复合混凝土粘结直剪强度有明显提高,其基本变化规律与粘结劈裂试验相同。

a) Ⅰ型界面　　　　　　　　　　　　　　b) Ⅱ型界面

c) Ⅲ型界面

图5.11　复合混凝土直剪破坏断面图

综上所述,在用混凝土修复时,旧混凝土表面为Ⅱ型界面时,具有较好的稳定性和粘结强度,且磷酸镁水泥净浆作为界面粘结时,复合混凝土的粘结直剪强度较高。

第五节　粘结疲劳试验

通过混凝土粘结界面劈裂试验和粘结界面直剪试验已经得出,当旧混凝土表面为Ⅱ型界面,界面粘结剂选用磷酸镁水泥净浆时,复合混凝土试件具有最高粘结强度。为了更好地了解磷酸镁水泥混凝土与普通硅酸盐水泥混凝土的粘结效果和特性,根据以上试验得出的结论,制备复合混凝土试件,进行疲劳试验研究。

一、复合混凝土试件制备

对已经制备好的普通硅酸盐混凝土半立方体试件（150mm × 150mm × 75mm）和半长方体小梁试件（100mm × 100mm × 200mm）分别进行电锤凿毛表面处理，如图5.12所示。

a) 半立方体试件   b) 半长方体小梁试件

图5.12 各种试件的电锤凿毛表面处理

将试件表面用水冲刷干净，晾干后将处理好的试件放入模具中固定，在粘结界面涂抹磷酸镁水泥净浆，如图5.13所示，然后将配制好的磷酸镁水泥混凝土倒入模具中，放在振动台上振实。完成后放入养护箱[温度(20±2)℃，湿度50%]中进行养护，2h后即可脱模，养护7d再进行试验。

a) 半立方体试件涂抹净浆   b) 半长方体小梁试件涂抹净浆

图 5.13

c) 立方体试件修复

d) 长方体小梁试件修复

图 5.13　复合试件制备过程

二、试验方案

试验仪器:MTS 万能试验机、两块劈裂条。

试验方法:试验前,需先对各种复合混凝土进行一次性荷载试验,然后根据一次性荷载试验结果进行疲劳试验。在制备好的 2 种复合混凝土试件上分别贴上应变片,如图 5.14 所示,分别放置于 MTS 试验台上。

a) 立方体复合试件

b) 长方体小梁复合试件

图 5.14　疲劳试验

加载方法:疲劳试验加载波形为正弦波,固定加载频率为 2Hz,每种修补试件均以 0.65、0.70、0.75 和 0.80 四种应力水平加载,应力水平 S 可以表示为

$$S = \frac{P_{\max}}{R_P} \tag{5.4}$$

式中:S——应力水平;

P_{max}——加载的最大荷载,kN;

R_P——断裂时的极限荷载,kN。

试验安排:使用 3 个试件对小梁复合混凝土进行一次性荷载试验,得出结果取平均值,每个应力水平下进行 5 次疲劳试验。

三、试验结果与分析

1. 试件疲劳寿命及应变

通过一次性荷载试验,得到立方体复合混凝土和小梁复合混凝土的强度和最大荷载,为疲劳试验加载计算进行准备工作,试验结果如表5.7所示。

一次性荷载试验 表5.7

复合试件类型	立方体复合混凝土	小梁复合混凝土
极限荷载(kN)	34.25	16.7
劈裂/抗弯拉强度(MPa)	2.39	5.02

根据一次性荷载试验得到立方体复合混凝土的劈裂强度和小梁复合混凝土的极限荷载 R_P,然后依据式(5.4)计算出试件不同应力水平下的最大荷载 P_{max},最终得到每个应力水平下两种形状复合试件的疲劳寿命,如表5.8所示。

从表5.8可以看出,两种不同形状的复合试件疲劳寿命变化规律相同,随着应力水平 S 的增大,疲劳寿命 N 越来越小;且通过比较两种不同形状的复合试件可以看出,两者的疲劳寿命较为接近,但相对而言,复合长方体小梁试件的疲劳寿命略短于复合立方体试件。

疲劳试验原始数据 表5.8

	复合试件种类	应力水平 S			
		0.65	0.70	0.75	0.80
疲劳寿命 N	立方体复合试件	135986	30682	6267	967
		176493	39579	7791	1482
		193134	51986	8834	2648
		244587	56013	10249	3025
		263470	64985	11529	4983
	平均值	202734	48649	8934	2621

续上表

疲劳寿命 N	复合试件种类	应力水平 S			
		0.65	0.70	0.75	0.80
	长方体小梁复合试件	118923	25953	4892	1024
		162549	36486	7121	1534
		182689	40548	8415	2669
		203492	44359	9178	3362
		255893	59286	11964	3863
	平均值	184709	41326	8314	2490

在工程中,为了更好地描述混凝土的疲劳性能,通常采用混凝土的疲劳方程来表示。目前常用的疲劳方程有两种,分别为单对数疲劳方程和双对数疲劳方程。相比较而言,单对数疲劳方程对 N 趋于无穷大时和 S 趋于无穷小时这种边界条件的表示存在一定局限性,故本书应用与工程实际较为相符的双对数疲劳方程来描述磷酸镁水泥混凝土修复的疲劳方程,如式(5.5)所示:

$$\lg S = \lg A - C\lg N \tag{5.5}$$

式中:$\lg A$、C——回归参数,由试验条件、加载方式、材料特性等因素确定;

N——疲劳寿命。

对表5.8中的试验数据,依据式(5.5)进行双对数回归分析,得到两种不同形状磷酸镁水泥修补复合混凝土的平均寿命双对数疲劳方程,如图5.15所示。

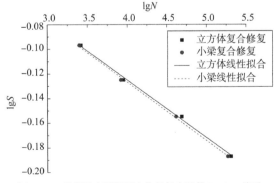

图 5.15 磷酸镁水泥混凝土修复复合试件 $\lg S$-$\lg N$ 关系

通过对图 5.15 中疲劳试验结果数据进行回归分析,分别得到立方体复合修复试件和小梁复合修复试件疲劳方程,如下所示:

立方体复合修复试件:

$$\lg S = -0.04682x + 0.0623, R^2 = 0.99613$$

小梁复合修复试件:

$$\lg S = -0.04755x + 0.06351, R^2 = 0.99781$$

从图 5.15 可知,两种不同形状的混凝土复合修复试件疲劳方程较为相似,这是因为两种不同形状的试件材料相同,较小的差别是由修复时粘结界面的大小差异引起的。由于疲劳寿命平均值的 S-N 方程一般存活率为 50%,对于实际工程意义不大,故需对其进行进一步数据分析。

2. 试验数据 Weibull 分布

从疲劳寿命试验结果可以看出,混凝土材料具有较强的离散性,而离散性的试验结果会影响疲劳方程的工程应用价值,故需对试验结果进行统计分析。常用的混凝土疲劳寿命统计分析方法有正态分布和 Weibull 分布两种,正态分布的分析具有一定局限性,而 Weibull 分布适用范围更广,且更贴近混凝土疲劳试验结果。故本书选用双参数的 Weibull 分布来对磷酸镁水泥混凝土复合修复试件的疲劳寿命进行分析,下面对 Weibull 分布理论进行介绍。

Weibull 概率密度函数表示为

$$f(N) = \frac{b}{N_a}\left(\frac{N}{N_a}\right)^{b-1}\exp\left[-\left(\frac{N}{N_a}\right)^b\right] \quad (0 < N < \infty) \tag{5.6}$$

式中:N_a——特征寿命参数;

b——形状参数。

故 Weibull 分布的随机变量 N_P 函数可以表示为

$$F(N_P) = P(N < N_P) = 1 - \exp\left[-\left(\frac{N_P}{N_a}\right)^b\right] \tag{5.7}$$

而可靠度 P 的超值累计频率函数为

$$P(N > N_P) = 1 - P(N < N_P) = \exp\left[-\left(\frac{N_P}{N_a}\right)^b\right] \tag{5.8}$$

式(5.8)可以写为

$$\frac{1}{P} = \exp\left[\left(\frac{N_P}{N_a}\right)^b\right] \tag{5.9}$$

对两边同时取两次对数可得

$$\ln\left[\ln\left(\frac{1}{P}\right)\right] = b\ln N_P - b\ln N_a \tag{5.10}$$

令 $Y = \ln\left[\ln\left(\frac{1}{P}\right)\right]$，$X = \ln N_P$，$\alpha = b\ln N_a$，可得

$$Y = bX - \alpha \tag{5.11}$$

首先假设试验数据的 Weibull 分布成立，b 与 α 可以直接通过试验结果拟合得出。若试验数据回归拟合后，Y 和 X 具有良好的线性关系，则假设成立，反之则不成立。

将同一应力水平下 K 个试验数据从小到大排列，序号为 i，疲劳寿命 N_P 对应的可靠度 P 表示为

$$P = 1 - \frac{i}{K+1} \tag{5.12}$$

根据以上理论，对表 5.8 中各应力水平 S 下的疲劳寿命进行 Weibull 分布，以立方体复合试件应力水平 $S = 0.65$ 为例，进行 Weibull 分布计算，其过程如表 5.9 所示。

Weibull 分布计算过程　　　　表 5.9

i	N_i	$\ln N_i$	$P = 1 - i/(K+1)$	$\ln\left[\ln(1/P)\right]$
1	135986	11.82031	0.833333	−1.70198
2	176493	12.08104	0.666667	−0.90272
3	193134	12.17114	0.5	−0.36651
4	244587	12.40733	0.333333	0.094048
5	263470	12.48169	0.166667	0.583198

对疲劳试验数据的各形状和应力水平进行 Weibull 分布，结果如图 5.16 所示。

两种不同形状的复合修复试件及各应力水平下的疲劳寿命的回归结果如表 5.10 所示。

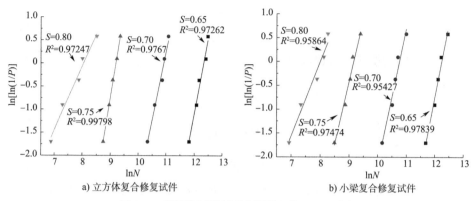

a) 立方体复合修复试件   b) 小梁复合修复试件

图 5.16 磷酸镁水泥复合修复混凝土的 Weibull 分布

疲劳寿命回归结果   表 5.10

应力水平 S	立方体复合修复试件		小梁复合修复试件	
	回归方程 $Y = bX - \alpha$	R^2	回归方程 $Y = bX - \alpha$	R^2
0.65	$Y = 3.30851X - 40.7971$	0.97262	$Y = 3.103X - 37.99051$	0.97839
0.70	$Y = 2.93948X - 32.0826$	0.9767	$Y = 2.89828X - 31.16267$	0.95427
0.75	$Y = 3.72586X - 34.27295$	0.99798	$Y = 2.65066X - 24.27135$	0.97474
0.80	$Y = 1.37248X - 11.05032$	0.97247	$Y = 1.56178X - 12.49576$	0.95864

从表 5.10 可以看出,磷酸镁水泥复合修复混凝土的疲劳试验结果满足双参数的 Weibull 分布,回归结果呈良好的线性关系,R^2 均在 0.95 以上,故可以考虑采用失效概率对疲劳试验数据进行进一步处理。

3. P-lg$S$-lg$N$ 双对数疲劳方程

上一部分已经验证,疲劳试验数据满足 Weibull 分布的条件,故此处研究考虑失效概率 F 的 P-lg$S$-lg$N$ 双对数疲劳方程。

失效概率 F 应满足式(5.13):

$$F(N_P) = P(N < N_P) = 1 - P(N > N_P) = 1 - \exp\left[-\left(\frac{N_P}{N_a}\right)^b \right] \tag{5.13}$$

则可求得失效概率 F 时的等效疲劳寿命 N_f 为

$$N_f = N_a\left[\ln\left(\frac{1}{1-F}\right) \right]^{\frac{1}{b}} \tag{5.14}$$

由于 $\alpha = b\ln N_a$,而 α 与 b 的值均可在表 5.10 中得出,计算可得到 N_a,然后计

算不同形状复合试件各应力水平下的等效疲劳寿命 N_f，以立方体复合试件各应力水平下不同失效概率计算 N_f 为例，如表 5.11 所示。

立方体复合试件不同失效概率下等效疲劳寿命 N_f 表 5.11

失效概率 F	存活率 P	等效疲劳寿命 N_f			
		$S=0.65$	$S=0.70$	$S=0.75$	$S=0.80$
0.1	0.9	7216.271	1969.982	279.5003	240.8961
0.2	0.8	15283.37	4172.234	591.9549	510.195
0.3	0.7	24429.1	6668.941	946.1869	815.501
0.4	0.6	34987.07	9551.178	1355.118	1167.951
0.5	0.5	47474.5	12960.14	1838.78	1584.811

得到不同失效概率的等效疲劳寿命后，将其按照双对数疲劳方程进行线性回归，即可分别得到两个不同形状复合混凝土在不同失效概率下的双对数疲劳方程，即 P-lg$S$-lg$N$ 曲线，如图 5.17 所示。

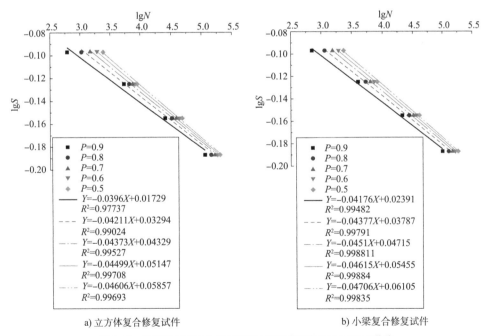

a) 立方体复合修复试件   b) 小梁复合修复试件

图 5.17 磷酸镁水泥复合修复混凝土不同存活率的 P-lg$S$-lg$N$ 曲线

从图 5.17 和表 5.12 可以看出，考虑了失效概率的 P-lg$S$-lg$N$ 曲线具有良好的线性关系,相关系数 $R^2 > 0.97$,从而说明磷酸镁水泥复合修复混凝土在双参数 Weibull 分布下的等效疲劳寿命满足双对数疲劳线性方程,且服从度较高。

考虑存活率的回归方程   表5.12

存活率 P	立方体复合修复试件		小梁复合修复试件	
	回归方程 $\lg S = \lg A - C\lg N$	R^2	回归方程 $\lg S = \lg A - C\lg N$	R^2
0.9	$\lg S = 0.01729 - 0.0396\lg N$	0.97737	$\lg S = 0.02391 - 0.04176\lg N$	0.99482
0.8	$\lg S = 0.03294 - 0.04211\lg N$	0.99024	$\lg S = 0.03787 - 0.04377\lg N$	0.99719
0.7	$\lg S = 0.04329 - 0.04373\lg N$	0.99527	$\lg S = 0.04715 - 0.0451\lg N$	0.998811
0.6	$\lg S = 0.05147 - 0.044991\lg N$	0.99708	$\lg S = 0.05455 - 0.04615\lg N$	0.99884
0.5	$\lg S = 0.05857 - 0.04606\lg N$	0.99693	$\lg S = 0.06105 - 0.04706\lg N$	0.99835

同时,由于失效概率 F 对回归系数 C 的影响较小,故可对不同概率下的 C 取平均值,而 $\lg A$ 由于差异较大,故需根据不同失效概率取值。所以考虑失效概率 F 的两种不同形状磷酸镁水泥复合修复混凝土双对数疲劳方程如表5.13所示。

磷酸镁水泥复合修复混凝土双对数疲劳方程   表5.13

不同复合修复形状	双对数疲劳方程
立方体复合修复试件	$\lg S = \lg A - 0.043298\lg N$
小梁复合修复试件	$\lg S = \lg A - 0.044768\lg N$

从两种不同形状磷酸镁水泥复合修复混凝土双对数疲劳方程可以看出,在相同材料不同形状的组合下,疲劳方程差异较小,所以疲劳性能较为接近。考虑失效概率后的 P-$\lg S$-$\lg N$ 双对数疲劳方程与实际工程更相符,能够为磷酸镁水泥混凝土修复提供理论和试验依据。

第六节　本章小结

本章对磷酸镁水泥混凝土与普通硅酸盐水泥混凝土的粘结性能进行了试验研究,主要研究结论如下:

(1)通过正交试验设计,分别进行了两种混凝土粘结界面的劈裂试验和直剪试验,通过试验得出了各种因素对粘结强度的影响程度排序为:龄期 > 界面粘结剂 > 粘结界面表面处理方法。优选出粘结效果最佳的界面粘结剂为磷酸镁水泥净浆,几种旧混凝土表面处理方法中对粘结性能效果最佳的为电锤凿毛处理,且通过试验得出粘结性能最佳的 7d 劈裂强度为 2.39MPa,直剪强度为 7.43MP。

(2)根据劈裂和直剪试验得出的最优界面粘结剂和最佳粘结界面表面处理方法,制备混凝土复合试件,进行疲劳试验,并利用 Weibull 分布对试验结果进行分析,提出考虑了失效概率的双对数疲劳方程,为实际修复工程提供理论和试验依据。

第六章
磷酸镁水泥混凝土修复温度和应力研究

通过前期磷酸镁水泥净浆试验,已经得到了磷酸镁水泥在常温状态下的水化放热情况。在进行道面修复时,水泥水化放热使混凝土内部温度升高,修复混凝土内外部产生的温度差,会使得修复混凝土产生温度应力和位移。本章应用有限元仿真模拟研究磷酸镁水泥道面修复初期不同修复尺寸和修复厚度,对修复混凝土水化反应阶段各粘结界面温度和应力分布的影响,并且在水化反应完成后,应用有限元仿真模拟研究修复完成后低温温度变化对粘结界面应力的影响。

第一节　混凝土修复模型的建立

一、模型设计

通过调研发现,机场混凝土道面板在实际使用过程中,板边和板角受前期浇筑和后期使用中的各种因素影响,为道面板的最薄弱环节,通常情况下,最易出现边角损坏。基于此现象,本节将混凝土道面板修复模型的损坏部位设计为道面板角,如图6.1所示。其中,旧混凝土道面板尺寸为5m×5m×0.3m,修复混凝土尺寸为结构参数,通过尺寸的改变研究应力变化规律。修复混凝土与旧混凝土道面板之间存在3个粘结界面,2个竖向面和1个水平面。

所建立的模型中主要考虑温度应力对新旧混凝土的影响,在整个模型中存在两个温度因素:一个是

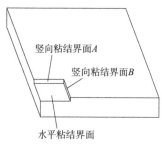

图6.1　机场道面板角修复示意图

（图中标注：竖向粘结界面A、竖向粘结界面B、水平粘结界面）

外界的环境温度,另一个是磷酸镁水泥的水化放热产生的温度。通过 100g 磷酸镁水泥 7d 温度曲线发现,12h 后磷酸镁水泥放热基本趋于稳定,故对 12h 内水泥温度进行计算得到 100g 磷酸镁水泥 12h 水化热-时间曲线,并将其作为参数输入修复磷酸镁水泥模型中。

　　基于以上需求,选用 ABAQUS 仿真软件进行仿真模拟和有限元计算,这是因为 ABAQUS 软件对于热力学仿真模拟具有一定优势,特别是热传导、热电耦合分析、岩土力学分析等模拟,且精度较高。应用 ABAQUS 软件建模时,可以根据其建模树,按照流程快速、方便地进行模型建立,操作界面简单、流程清晰,具有很好的应用性和高效性。

二、模型建立步骤

下面对本书混凝土修复模型建立进行简要叙述。

1. 模型结构设置

　　模型结构主要分为两个部分,分别为混凝土道面板和修复混凝土。以混凝土道面板整体模型为基础,在其角落设置 3 个粘结界面,其中 2 个竖向粘结界面和 1 个水平粘结界面,3 个界面相交截取处,以修复混凝土材料填充。其结构如图 6.2 所示,图中加粗框线标示位置为修复混凝土。

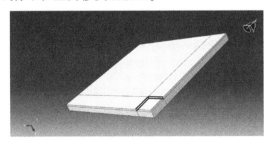

图 6.2　混凝土修复模型

2. 材料参数输入

　　旧混凝土道面板材料为 42.5R 普通硅酸盐水泥混凝土,修复混凝土材料为磷酸镁水泥混凝土。由于磷酸镁水泥混凝土水化凝结速度很快,其材料参数变化较快,无法进行试验测量,3d 龄期基本完成强度增长,所以材料参数取龄期为 3d 时的测量值,研究最不利条件下修复混凝土粘结界面的温度和应力分布规律。其材料参数如表6.1所示。

混凝土道面修复结构参数　　　　　表6.1

参　　　数	结　　　构	
	旧水泥混凝土	修复混凝土
弹性模量(GPa)	32.5	39.4
泊松比	0.15	0.15
导热系数($W \cdot m^{-1} \cdot K^{-1}$)	1.28	1.28
线膨胀系数(℃$^{-1}$)	0.86×10^{-5}	0.86×10^{-5}
比热容($J \cdot g^{-1} \cdot K^{-1}$)	0.97	0.97
密度($kg \cdot m^{-3}$)	2500	2500

表6.1中弹性模量数据为表5.1中普通硅酸盐水泥混凝土和表5.2中磷酸镁水泥混凝土实测得出。泊松比参照《军用机场水泥混凝土道面设计规范》(GJB 1278—1991)选定。混凝土的线膨胀系数主要与粗集料类型相关,本书所用粗集料均为玄武岩,故线膨胀系数选取玄武岩线膨胀系数0.86×10^{-5}℃$^{-1}$。由于混凝土除水泥外,所用细集料和粗集料材料均相同,故导热系数、比热容均较为接近,查阅资料选取混凝土常用均值指标。通过测试,混凝土均为100mm × 100mm × 400mm小梁时,两种混凝土质量相近,故通过计算,密度取值相同。

3.磷酸镁水泥水化热输入

磷酸镁水泥水化反应时,会大量放热,由前期磷酸镁水泥净浆水化热试验计算得到100g磷酸镁水泥的水化热-时间曲线图。由于12h后放热量渐渐减小,1d龄期时,早期主要水化反应基本完成,故为了观测水化热最大温度时产生的温度应力,选取0~24h每千克磷酸镁水泥水化热-时间曲线即可,如图6.3所示。将其作为混凝土热量变化参数,输入修复混凝土材料中,得到修复磷酸镁水泥混凝土的温度变化曲线。

需要注意的是,当修复体积发生变化时,修复混凝土用量也会随之发生变化,使得水泥用量产生变化。根据表5.2中的磷酸镁水泥混凝土配合比计算水泥与混凝土质量比例为19.8%,将其作为参数输入修复混凝土中,就可得到体积变化后的温度曲线。

4.相互作用设定

模型需考虑磷酸镁水泥混凝土的放热升温和外加环境温度的交换作用,故在混凝土模型表面设置空气对流系数为 $15W/(m^2 \cdot K)$，环境温度均保持20℃恒定。

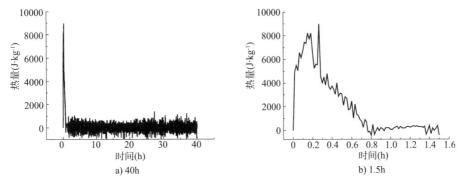

a) 40h　　　　　　　　　　b) 1.5h

图 6.3　磷酸镁水泥水化热-时间曲线

5. 网格划分与提交

完成模型结构部件建立和材料参数输入后，对模型进行网格划分，划分完成后，基本模型建立完成，如图6.4所示。然后即可建立作业进行提交，计算得到温度变化云图，如6.5所示。

图6.4　旧混凝土道面板模型网格划分　　　图6.5　温度变化云图

6. 应力模型建立

计算得到温度变化云图后，调用温度模型ODB，计算应力模型，得到应力变化云图，如图6.6所示。

7. 计算结果展示

为了更清楚地展示各个粘结界面的温度和应力分布情况，只选取修复混凝土模块，各粘结界面的位置如图6.7所示。从图中可以看出，竖向粘结界面 A 垂直于 X 轴，竖向粘结界面 B 垂直于 Y 轴，水平粘结界面垂直于 Z 轴。

图6.6　应力变化云图

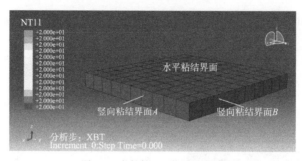

图 6.7　各粘结界面位置示意图

第二节　修复混凝土尺寸对粘结界面温度和应力的影响

　　修复混凝土尺寸改变使得修复处水泥用量发生改变,则水化的过程中温度也会相应地发生变化,从而使各个粘结界面的应力受到影响。外界环境温度设定为20℃,修复混凝土厚度设置为0.07m,为研究修复混凝土尺寸对粘结界面应力的影响规律,设定粘结界面 A 长度 $L_A=0.7$m,粘结界面 B 长度 L_B 为 0.4m、0.7m、1.0m 三个水平。分别建立 3 个温度模型和 3 个应力模型,修复磷酸镁水泥混凝土 3 个粘结界面在整个水化放热过程中的温度和应力分布分别如图6.8、图6.12、图6.14所示。

　　图6.8为 $L_B=0.4$m 时的水化过程温度和应力云图,其中图6.8a)为温度云图,图6.8b)为根据温度云图计算得到的最大主应力云图。由于本书中板角修复均为薄层修复,热传导较为均匀,所以假定整个修复处混凝土内部和表面温度分布相对均匀,故前期水化放热造成的温度差使得修复混凝土表面均为压应力,这种压应力的存在,会使得修复混凝土体积膨胀,并作用于新旧混凝土的粘结界面,使得粘结效果更为优良。同时,水化放热期间产生的热量,会使得修复混凝土粘结界面表面温度快速升高,而通过净浆试验已经验证得出,环境温度升高会使得磷酸镁水泥凝结速度更快,强度提升更快,所以对修复混凝土的早期粘结强度有促进作用。从图6.8a)可以看出,随着时间的推移,磷酸镁水泥修复混凝土的温度先升高,然后降低,三个粘结界面中,水平粘结界面中心温度最高,且呈辐射状向四周传递并逐渐降低,四个角温度最低,修复混凝土在2430s分析步时各粘结界面温度达到最高。从分析中可得,竖向粘结界面 A 的最高温度略低于竖向粘结界面 B,最终修复磷酸镁水泥混凝土在13.05h时,剧烈水化反应期结束,但是仍然存在水化反应,直至最终水化反应完全结束,其粘结界面温度才会与环境温度完全一致。

a) 水化过程温度云图　　　　　　　　b) 水化过程最大主应力云图

图 6.8 $L_B = 0.4\text{m}$ 水化过程温度和应力云图

从图 6.8b)可以看出,由于修复混凝土为长方体结构,两个竖向粘结界面的长度不同,所以最大主应力分布不均匀。最大拉应力首先出现在修复混凝土竖向粘结界面 A、与空气接触的竖向面和水平粘结界面交会的板角处,此时,该位置为修复混凝土最不利位置,而以三个粘结界面的交会角为中心辐射分布的深色区域为最大压应力区域。随着水化反应的继续进行,最大拉应力区域向与空气接触的两个竖向面和水平粘结界面的交接处中部区域转移。所以修复混凝土水化早期最不利位置为竖向粘结界面 A、与空气接触的竖向面和水平粘结界面交会的板角处,水化反应后期的最不利位置转移为修复混凝土与空气接触的边中心区域。

为了了解每个粘结界面达到最大应力时各个轴向应力的分布情况,对各粘结界面应力值均最大的 2430s 分析步各进行粘结界面应力分析,如图 6.9~图 6.11 所示。

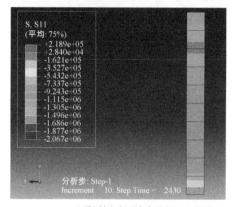
a) 沿 X 轴方向正应力 σ_x

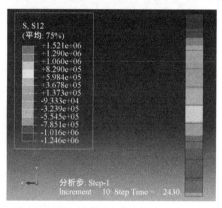
b) 沿 Y 轴方向剪应力 τ_{xy}

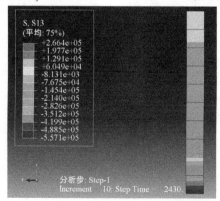
c) 沿 Z 轴方向剪应力 τ_{xz}

图 6.9　竖向粘结界面 A 应力云图

　　图6.9为竖向粘结界面A沿不同轴的应力云图。图6.9a)为沿X轴方向的应力云图,表示的是竖向粘结界面A随水化温度变化所受的拉压应力,由于正值为拉应力,负值为压应力,在2430s分析步时达到最大应力,所以从图中可以看出,竖向粘结界面A主要承受沿X轴方向的压应力,且界面上的最大压应力为1.719MPa。图6.9b)为沿Y轴方向的剪应力,竖向粘结界面A的剪应力呈两端大、中间小分布,下部区域应力方向为Y轴正向,上部区域应力方向为Y轴负向。图6.9c)为Z轴方向的剪应力,竖向粘结界面A的中部区域剪应力方向为Z轴正向,两端区域的剪应力方向为Z轴负向。

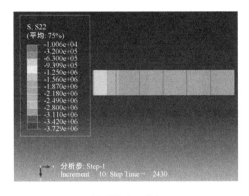

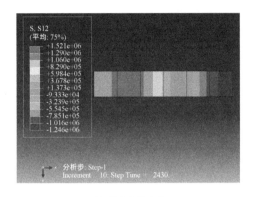

a) 沿Y轴方向正应力σ_y　　　　　　　　　　　　b) 沿X轴方向剪应力τ_{yx}

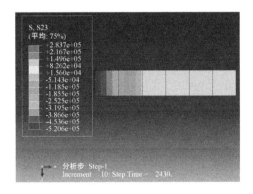

c) 沿Z轴方向剪应力τ_{yz}

图6.10　竖向粘结界面B应力云图

　　图6.10为竖向粘结界面B沿不同轴的应力云图。图6.10a)为沿Y轴方向的应力云图,从图中可以看出,竖向粘结界面B主要承受Y轴方向的压应力,且该粘

结界面上的最大压应力为 2.494MPa。图 6.10b）为沿 X 轴方向的剪应力,从图中可以看出,竖向粘结界面 B 的剪应力呈两端大、中间小分布,左边区域应力方向为 X 轴正向,右边区域应力方向为 X 轴负向。图 6.10c）为 Z 轴方向的剪应力,竖向粘结界面 B 的右边区域剪应力方向为 Z 轴正向,左边区域的剪应力方向为 Z 轴负向。

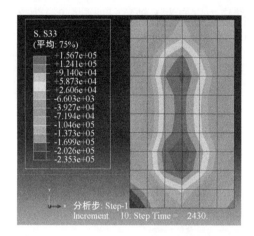

a) 沿Z轴方向正应力σ_z

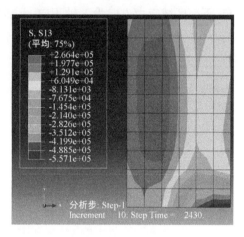

b) 沿X轴方向剪应力τ_{zx}

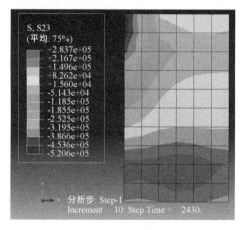

c) 沿Y轴方向剪应力τ_{zy}

图6.11　水平粘结界面应力云图

图 6.11 为水平粘结界面沿不同轴的应力云图。图 6.11a）为沿 Z 轴方向的应力云图,从图中可以看出,水平粘结界面中部区域主要承受沿 Z 轴方向的拉应力,

周围区域为沿 Z 轴方向的压应力,拉压应力数值均较小,对粘结界面影响较小。图 6.11b)为沿 X 轴方向的剪应力,从图中可以看出,水平粘结界面左边区域为沿 X 轴正向的剪应力,右边区域为沿 X 轴负向的剪应力,两个部分剪应力值较小,对粘结面影响较小。图 6.11c)为沿 Y 轴方向的剪应力,从图中可以看出,水平粘结界面下部区域为沿 Y 轴正向的剪应力,上部区域主要为沿 Y 轴负向的剪应力,两个部分剪应力均指向中心,应力值较小,对粘结界面影响不大。所以通过应力云图分析可知,在修复水泥混凝土水化阶段,各种尺寸的模型所受压应力和剪应力的分布规律类似,竖向粘结界面 A 和 B 由温度升高产生的压应力值差别较大,水化阶段粘结界面的应力分析主要比较尺寸和厚度改变对竖向粘结界面的最大压应力值的影响。

图 6.12 为 $L_B = 0.7m$ 时,修复磷酸镁水泥混凝土水化过程温度和应力云图。从图 6.12a)可以看出,由于竖向粘结界面 A 与竖向粘结界面 B 长度相同,所以磷酸镁水泥混凝土为对称结构,温度分布也以两个竖向粘结界面的交会角至与之相对应的板角间连线为分割线,形成对称分布。从图中可以看出,水平粘结界面的温度与图 6.8a)相同,中间温度最高并向周围辐射状分布,随着时间的推移,中间高温区域越来越小,且温度相应降低;而竖向粘结界面在水化反应早期越接近空气的接触面,温度越高,随着时间的推移,温度较高的区域向水平粘结界面转移,且逐渐呈中间高、两边低的辐射状,最终剧烈水化反应阶段在 15.525h 逐渐结束,进入较为稳定的水化反应期。

从图 6.12b)可以看出,因为两个竖向粘结界面长度相同,所以最大主应力也呈对称分布,在修复水泥混凝土水化反应早期,最大拉应力对称出现在竖向粘结界面 A、与空气接触的竖向面和水平粘结界面交会板角处,以及竖向粘结界面 B、与空气接触的竖向面和水平粘结界面交会板角处,此时该位置为修复混凝土最不利位置。以 3 个粘结界面的交会角为中心辐射分布的深色区域为最大压应力区域,压应力值较小。随着水化反应的发展,最大拉应力区域向与空气接触的两个竖向面和水平粘结界面的交接处转移。所以修复混凝土水化初期最不利位置为竖向粘结界面 A 和 B、与空气接触的竖向面和水平粘结界面交会的板角处,水化反应后期的最不利位置转移为修复混凝土与空气接触的边中心区域。

对 3 个粘结界面的拉压应力进行分析,如图 6.13 所示。

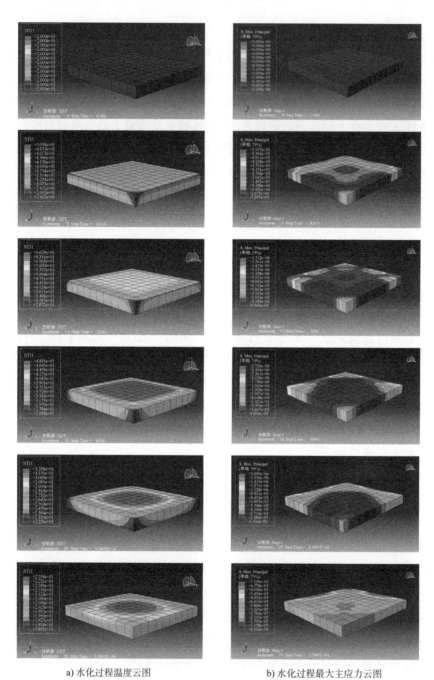

a) 水化过程温度云图　　　　　　　b) 水化过程最大主应力云图

图6.12　$L_B = 0.7$m 水化过程温度和应力云图

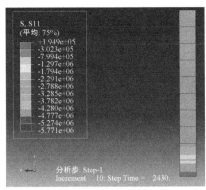

a) 竖向粘结界面A沿X轴方向应力σ_x

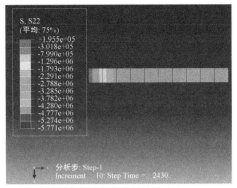

b) 竖向粘结界面B沿Y轴方向应力σ_y

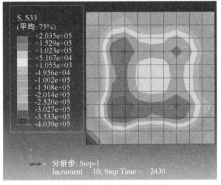

c) 水平粘结界面沿Z轴方向应力σ_z

图6.13　$L_B = 0.7$m 各粘结界面的拉压应力云图

图6.13a)为竖向粘结界面 A 沿 X 轴方向的应力云图,从图中可以看出,该界面主要为混凝土水化升温产生的压应力,其中最大压应力为3.556MPa;由于 $L_A = L_B$,所以竖向粘结界面 B 与竖向粘结界面 A 受力相同,最大压应力相等;从图6.13c)可以看出,水平粘结界面中间区域为拉应力,周围为压应力,数值均较小,对粘结界面影响不大。

图6.14 为 $L_B = 1.0$m 时水化过程温度和应力云图。从图6.14a)可以看出,修复混凝土水化反应早期,水平粘结界面温度分布较为均匀,随着水化反应的进行,中部区域温度越来越高,而靠近水平粘结界面四个边的温度相对较低。随着时间的推移,水化反应剧烈程度渐渐减弱,水平粘结界面温度较高的中部区域渐渐缩小,两个竖向粘结界面早期靠近空气表面的区域温度较高,随着水化反应的加剧,温度较高区域渐渐向水平粘结界面靠近,最终在与水平粘结界面交会处温度达到最高,且两边呈辐射状降低。

a) 水化过程温度云图　　　　　　　　b) 水化过程最大主应力云图

图6.14　$L_B = 1.0$m 水化过程温度和应力云图

从图6.14b)可以看出,由于修复混凝土为长方体结构,两个竖向粘结界面的长度不同,所以最大主应力分布不均匀。在修复混凝土上,最大拉应力的最大值先增大再减小,反应早期最大值区域出现在竖向粘结界面 B、与空气接触的竖向面和水平粘结界面交会的板角处,此时,该位置为修复混凝土最不利位置,而以三个粘结界面的交会角为中心辐射分布的深色区域为最大压应力区域。随着水化反应的继续进行,最大拉应力向与空气接触的两个竖向面和水平粘结界面的交接中部区域转移。所以修复混凝土水化早期最不利位置为竖向粘结界面 B、与空气接触的竖向面和水平粘结界面交会的板角处,水化反应后期的最不利位置转移为修复混凝土与空气接触的边中心区域。

对 3 个粘结界面的拉压应力进行分析,如图 6.15 所示。

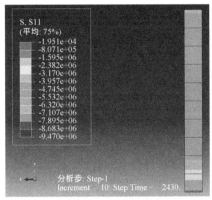

a) 竖向粘结界面 A 沿 X 轴方向应力 σ_x

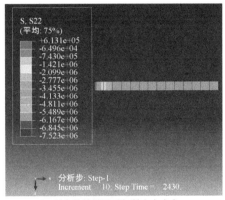

b) 竖向粘结界面 B 沿 Y 轴方向应力 σ_y

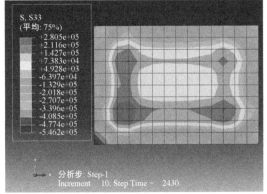

c) 水平粘结界面沿 Z 轴方向应力 σ_z

图6.15　$L_B = 1.0\text{m}$ 各粘结界面的拉压应力云图

图6.15a)为竖向粘结界面 A 沿 X 轴方向的应力云图,从图中可以看出,该界

面主要为混凝土水化升温产生的压应力,其中最大压应力为 5.990MPa;图 6.15b)为竖向粘结界面 B 沿 Y 轴方向的应力云图,其中最大压应力为 4.937MPa;从图 6.15c)可以看出,水平粘结界面中间区域为拉应力,周围为压应力,数值均较小,对粘结界面影响不大。

以下为修复尺寸改变时水泥水化放热对各个粘结界面温度和压应力的影响,计算结果如表 6.2 所示。

修复尺寸对粘结界面温度和压应力影响 表6.2

修复尺寸			水平粘结界面	竖向粘结界面 A		竖向粘结界面 B	
L_A(m)	L_B(m)	L_B/L_A	温度(℃)	温度(℃)	压应力(MPa)	温度(℃)	压应力(MPa)
	0.4	0.57	39.96	34.44	1.719	34.60	2.494
0.7	0.7	1.00	54.99	45.56	3.556	45.56	3.556
	1.0	1.43	68.94	55.74	5.990	55.47	4.937

表 6.2 中为不同修复尺寸下整个水化反应过程中,各粘结界面的最高温度和最大压应力值,且均在 2430s 分析步时达到。从表 6.2 可以看出,随着 L_B 的增加,3 个粘结界面温度和应力都呈增大趋势,这是因为随着修复混凝土的尺寸增大,所用混凝土的磷酸镁水泥含量增多,故水化放热量增大,混凝土整体温度升高。从表中各粘结界面应力值可以看出,同一修复混凝土中,粘结界面长度与所受压应力最大值呈反比,长度一致时,压应力值相同。

第三节　修复混凝土厚度对粘结界面的影响

机场混凝土道面板发生损坏时,需根据损坏类型来确定凿除深度,凿除深度必须超过损坏混凝土厚度,通常不小于 50mm,且修复厚度也与修复混凝土的粘结强度有一定关系。当混凝土粘结强度较高时,修复厚度可以较小,通过劈裂试验可知,磷酸镁水泥混凝土修复普通混凝土时,粘结强度较高,故修复厚度 h 设定为 0.03m、0.07m、0.11m 三个水平,环境温度设定为 20℃,修复尺寸设置为 0.7m × 0.7m。分别建立 3 个温度模型和 3 个应力模型,研究 3 个粘结界面在整个水化过程中温度和应力分布云图,如图 6.16、图 6.18 所示。

图 6.16 为修复厚度为 0.03m 时的水化过程温度和应力云图。从图 6.16a)可以

看出,由于 L_A 与 L_B 长度相同,故在水化过程中的温度变化以 3 个粘结界面交会角和对应角连线为轴对称分布。从图中可以看出,水化反应早期,磷酸镁水泥混凝土大量放热,除 3 个粘结界面交会的边和角处外,整体修复混凝土温度分布较为均匀,然后在 2430s 分析步时修复混凝土各粘结界面温度达到最大值,且集中于水平粘结界面中心区域。此时,修复混凝土角位置温度最低,随着时间的推移,水平粘结界面中心温度最大区域渐渐缩小,整体混凝土温度逐渐降低,最终整体温度接近环境温度。

从图 6.16b)可以看出,由于两个竖向粘结界面长度相等,故最大主应力也呈对称分布,在修复水泥混凝土水化反应早期,最大拉应力区域对称出现在竖向粘结界面 A、与空气接触的竖向粘结界面和水平粘结界面交会板角处,以及竖向粘结界面 B、与空气接触的竖向粘结界面和水平粘结界面交会板角处,此时,该位置为修复混凝土最不利位置。以 3 个粘结界面的交会角为中心辐射分布的深色区域为最大压应力区域,压应力值较小。随着水化反应的进行,最大拉应力区域向与空气接触的两个竖向粘结界面和水平粘结界面的交接处转移。所以修复混凝土水化早期最不利位置为竖向粘结界面 A 和 B、与空气接触的竖向粘结界面和水平粘结界面交会的板角处,水化反应后期的最不利位置转移为修复混凝土与空气接触的边中心区域。

修复水泥混凝土水化反应阶段各粘结界面主要受压应力的影响,故对 3 个粘结界面的压应力进行分析,如图 6.17 所示。

图 6.17a)为竖向粘结界面 A 沿 X 轴方向的应力云图,该界面主要承受混凝土水化升温产生的压应力,其中最大压应力为 1.419MPa。由于 $L_A = L_B$,所以竖向粘结界面 B 与竖向粘结界面 A 受力相同,最大压应力相等。从图 6.17c)可以看出,水平粘结界面中间区域为拉应力,周围为压应力,数值均较小,对粘结界面影响不大。

图 6.18 为修复厚度为 0.11m 时的水化过程温度和应力云图。从图 6.18a)可以看出,由于修复厚度较大,所以竖向粘结界面 A 和 B 有较为明显的温度区域分布,修复混凝土水化放热早期,混凝土 3 个粘结界面上温度分布较为均匀,只有粘结界面交会的棱角处区域温度较低。在 2700s 分析步时,修复混凝土各粘结界面温度达到最高,水平粘结界面的温度最高区域位于中心区域且整体范围较大,两个竖向粘结界面在其中间区域分别形成了高温带状区域,此时,温度最低位置为 3 个粘结界面交会角处。随着时间的推移,水平粘结界面中部温度较高区域逐渐缩小,修复混凝土各角的低温区域逐渐扩大,且竖向粘结界面的高温区域渐渐上移,最终温度降为环境温度。

a) 水化过程温度云图　　　　　　　　　　b) 水化过程最大主应力云图

图 6.16　h =0.03m 水化过程温度和应力云图

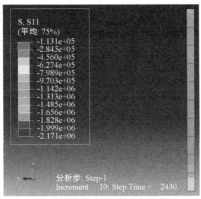

a) 竖向粘结界面A沿X轴方向应力σ_x

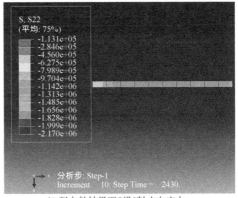

b) 竖向粘结界面B沿Y轴方向应力σ_y

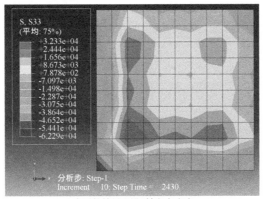

c) 水平粘结界面沿Z轴方向应力σ_z

图6.17 $h = 0.03$m 各粘结界面的拉压应力云图

从图6.18b)可以看出,由于两个竖向粘结界面长度相等,最大主应力对称分布,修复混凝土水化放热早期,最大拉应力对称分布在竖向粘结界面A、与空气接触的竖向粘结界面和水平面交会板角处,以及竖向粘结界面B、与空气接触的竖向粘结界面和水平粘结界面交会板角处,该位置为修复混凝土最不利位置。最大压应力集中于3个粘结界面的交会角靠近水平粘结界面处,呈辐射状分布。随着水化反应的进行,最大拉应力从与空气接触的水平面转移至与空气接触的竖向粘结界面上,最大压应力集中出现在水平粘结界面上,靠近修复混凝土3个粘结界面交会角处。

修复水泥混凝土水化反应阶段各粘结界面主要受压应力的影响,故对3个粘结面的拉压应力进行分析,如图6.19所示。

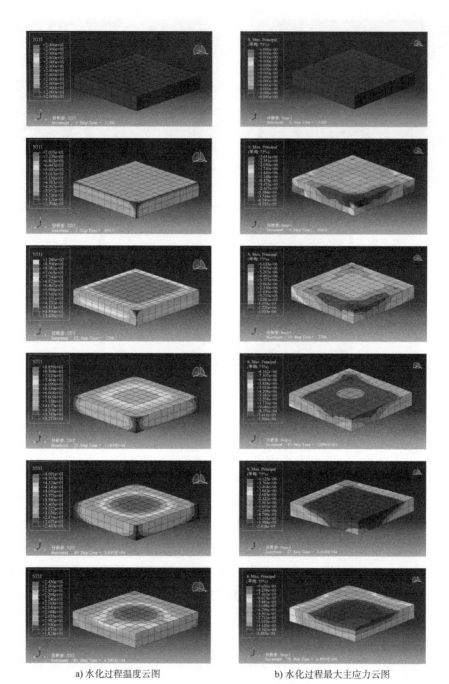

a) 水化过程温度云图　　　　　　　　b) 水化过程最大主应力云图

图6.18　$h = 0.11\text{m}$ 水化过程温度和应力云图

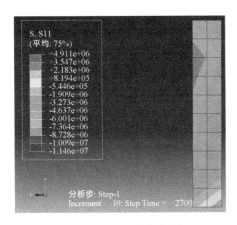

a) 竖向粘结界面A沿X轴方向应力σ_x

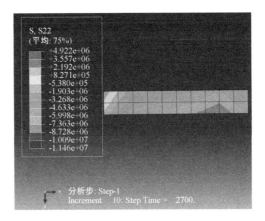

b) 竖向粘结界面B沿Y轴方向应力σ_y

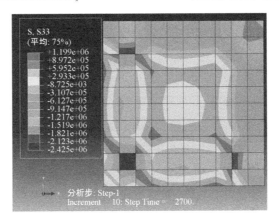

c) 水平粘结界面沿Z轴方向应力σ_z

图6.19　$h = 0.11\text{m}$ 各粘结界面的拉压应力云图

图6.19a)为竖向粘结界面 A 沿 X 轴方向的应力云图,从图中可以看出,该界面主要承受混凝土水化升温产生的压应力,其中最大压应力为 8.843MPa。由于 $L_A = L_B$,所以竖向粘结界面 B 与竖向粘结界面 A 受力相同,最大压应力相等。从图6.19c)可以看出,由于修复混凝土厚度增加,水平粘结界面的应力分布也有所变化,水平粘结界面中间区域和与空气接触的两个竖向粘结界面的边缘应力为拉应力,其他部分为压应力。

计算修复厚度改变时低温下水泥水化放热对各个粘结界面温度和压应力的影响,计算结果如表6.3所示。

修复厚度对粘结界面最高温度和最大压应力影响　　　　表6.3

修复厚度 (m)	水平粘结界面	竖向粘结界面 A		竖向粘结界面 B	
	温度(℃)	温度(℃)	应力(MPa)	温度(℃)	应力(MPa)
0.03	30.27	25.12	1.419	25.12	1.419
0.07	54.99	45.56	3.556	45.56	3.556
0.11	80.98	71.92	8.843	71.92	8.843

表6.3中为修复混凝土整个水化过程中各粘结界面上最高温度和最大压应力值。从表中可以看出,随着混凝土修复厚度的增加,各粘结界面的温度明显升高、应力明显增大,且修复厚度的变化会对竖向粘结界面的应力分布产生较大影响。

第四节　环境温度变化对粘结界面应力的影响

机场道面板的损坏与外界环境温度的变化紧密相关,很多形式的损坏都是由外界温度变化引起的,如冻融、盐冻等。对于混凝土道面修复工程而言,修复完成,大规模的水化放热结束后,修复混凝土会缓慢降温直至达到环境温度,此时粘结界面间的应力接近于0。西北地区昼夜温差较大,夜间温度很低,这种温度变化会使材料不同的新旧混凝土之间产生一定拉应力,当拉应力过大时,本就处于强度成长期的修复粘结界面会被破坏。前面章节已经提到,混凝土的线膨胀系数主要是由粗集料的线膨胀系数决定的,当新、旧两种混凝土粗集料相同时,温度改变,两种混凝土体积改变大小相同,故不会产生应力;而当两种混凝土的粗集料不同时,随着温度的变化,粘结界面会产生应力,所以应力的大小除了与温度有关外,还与混凝土粗集料的线膨胀系数相关。故本节选定旧混凝土的粗集料为玄武岩,研究当修复混凝土粗集料不同时,两种混凝土粘结界面应力随温度变化的情况。

设定环境温度分别由20℃降为10℃、0℃、-10℃、-20℃、-30℃五个水平,道面板修复尺寸设为0.7m×0.7m×0.07m。各种常用类型的粗集料线膨胀系数如表6.4所示,旧混凝土道面板中粗集料为玄武岩,线膨胀系数为 $0.86 \times 10^{-5}℃^{-1}$,修复混凝土取不同粗集料线膨胀系数,分别建立5个温度模型和5个应力模型进行计算。3个粘结界面最大主应力分布云图如图6.20所示(以修复材料为石英岩,表面温度下降到0℃为例)。

常用类型的粗集料线膨胀系数　　　　　　　　　　表6.4

粗集料	石灰岩	玄武岩	花岗岩	砾岩	砂岩	石英岩
线膨胀系数(10^{-5}℃$^{-1}$)	0.68	0.86	0.95	1.08	1.17	1.19

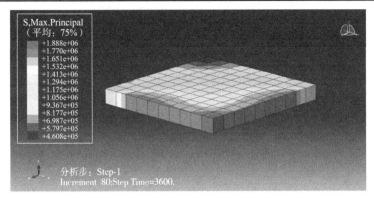

图6.20　3个粘结界面最大主应力分布云图

从图6.20可以看出,由于$L_A = L_B$,所以在环境温度下降时,其粘结界面的应力对称分布,水平粘结界面和竖向粘结界面的最大主应力靠近3个粘结界面交会角处。道面板修复最不利位置为3个粘结界面的交会角处,此处应力为拉应力。为了了解每个粘结界面上最大应力时各个轴向应力的分布情况,对各粘结界面进行应力分析,如图6.21和图6.22所示。

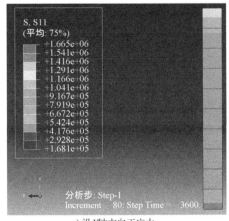
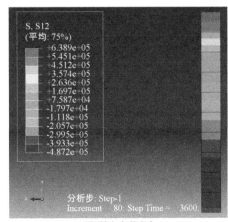

a) 沿X轴方向正应力σ_x　　　　　　　　　　b) 沿Y轴方向剪应力τ_{xy}

图　6.21

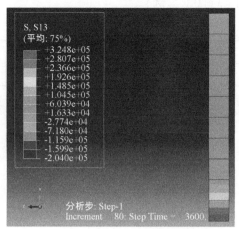

c) 沿 Z 轴方向剪应力 τ_{xz}

图 6.21　竖向粘结界面 A 应力云图

从图 6.21a)可以看出,竖向粘结界面 A 沿 X 轴方向的应力均为拉应力,越靠近 3 个粘结界面的交会角,拉应力越大,最大值为 1.243MPa;图 6.21b)为竖向粘结界面 A 沿 Y 轴方向的剪应力,从图中可以看出,上部区域剪应力方向为 Y 轴正向,下部区域剪应力方向为 Y 轴负向;图 6.21c)为竖向粘结界面 A 沿 Z 轴方向的剪应力,从图中可以看出,界面上各点的剪应力方向为 Z 轴正向,从上到下呈增大趋势。

由于 $L_A = L_B$,所以竖向粘结界面 A 和竖向粘结界面 B 受力对称,且大小相同,故不对竖向粘结界面 B 进行分析。

从图 6.22a)可以看出,水平粘结界面中心和边缘区域均受到沿 Z 轴方向拉应力作用,水平粘结界面四个角所受拉应力较大,在两个拉应力区域中间有一圈压应力区域存在;从图 6.22b)可以看出,水平粘结界面沿 X 轴方向为剪应力,左半区域为沿 X 轴负方向的剪应力,右半区域为沿 X 轴正方向的剪应力,两个剪应力共同作用于水平粘结界面上;从图 6.22c)可以看出,水平粘结界面沿 Y 轴方向为剪应力,上半区域为沿 Y 轴正方向的剪应力,下半区域为沿 Y 轴负方向的剪应力,两个剪应力共同作用于水平粘结界面上。所以当温度下降时,修复磷酸镁水泥混凝土竖向粘结界面和水平粘结界面同时受到各方向拉应力与剪应力的共同作用。

对应用不同粗集料的修复磷酸镁水泥混凝土在环境温度下粘结界面的最大主应力进行计算,得到结果如表 6.5 所示。

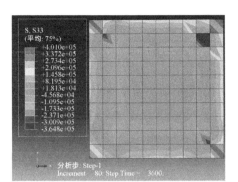

a) 沿Z轴方向正应力σ_z

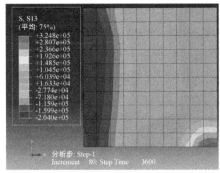

b) 沿X轴方向剪应力τ_{zx}

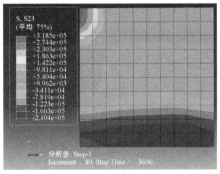

c) 沿Y轴方向剪应力τ_{zy}

图6.22　水平粘结界面应力云图

不同粗集料的修复磷酸镁水泥混凝土　　　　　　　　表6.5
在不同环境温度下粘结界面的最大主应力最大值

温度	修复混凝土三个粘结界面交会角最大主应力最大值（MPa）				
（℃）	石灰岩	花岗岩	砾岩	砂岩	石英岩
20	0	0	0	0	0
10	−0.107	0.258	0.630	0.887	0.944
0	−0.215	0.515	1.259	1.774	1.888
−10	−0.322	0.773	1.888	2.662	2.833
−20	−0.429	1.031	2.518	3.549	3.778
−30	−0.536	1.289	3.148	4.436	4.723

注：正值为拉应力，负值为压应力。

　　从图6.23可以看出，在修复磷酸镁水泥混凝土水化反应完成后，设定的环境温度为20℃，故不论修复磷酸镁水泥混凝土采用哪种粗集料制备，在20℃时，各粘结界面应力均为0。当环境温度下降时，混凝土发生收缩，由于不同粗集料具有不同的线膨胀系数,故各粘结界面产生应力,此时,由不同粗集料制备的修复磷酸镁水泥混凝土与旧混凝土的粘结界面开始出现应力。当旧混凝土的粗集料的膨胀系数大于修复磷酸镁水泥混凝土的粗集料膨胀系数时,修复混凝土三个粘结界面交会角处最大主应力为压应力,压应力会随着温度的降低而增大。而当旧混凝土的粗集料膨胀系数小于修复磷酸镁水泥混凝土粗集料膨胀系数时,修复混凝土三个粘结界面交会角处最大主应力为拉应力,拉应力会随着温度的降低而增大。由计算结果可得,当旧混凝土道面板粗集料为玄武岩时,修复磷酸镁水泥混凝土粗集料对粘结界面的影响从优到劣依次为:玄武岩 > 石灰岩 > 花岗岩 > 砾岩 > 砂岩 > 石英岩。

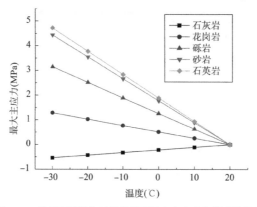

图6.23　采用不同粗集料粘结界面最大主应力与温度的关系

从以上结果可以看出,对于修复工程来说,环境温度的降低会使不同线膨胀系数的混凝土产生不同的最大主应力,而最大主应力的存在会对修复工程的效果产生影响,所以在修复时应尽量选择与旧混凝土材料一致的粗集料。进行修复磷酸镁水泥混凝土制备,若没有同一粗集料,应选择在环境温度下降时,产生应力较小的粗集料,且修复混凝土的粘结强度必须高于水平粘结界面产生的最大剪应力和竖向粘结界面产生的最大拉应力,这样才可以保证修复材料不会脱落。

第五节　本章小结

通过有限元仿真模拟建立了道面板板角修复结构模型,分别研究了在水化放热阶段及水化放热完成后环境温度下降对各修复粘结界面的应力分析,主要结论如下:

（1）通过仿真模拟,分析了随着修复磷酸镁水泥混凝土长宽比变化,各粘结界面的整体温度和应力的变化规律,得出长宽比的变化会影响修复混凝土温度和应力的分布。

（2）通过有限元仿真模拟,分析了随着修复混凝土厚度变化,各粘结界面温度和应力的变化规律,得出修复厚度的变化会对各粘结界面的应力分布产生较大影响。

（3）水化反应结束后,环境温度的降低会使不同线膨胀系数的混凝土产生不同的最大主应力,而最大主应力会对修复工程的效果产生影响。在修复时,应尽量选用与旧混凝土道面板中粗集料线膨胀系数相近的粗集料,这样会使因温度降低而产生的应力相对较小,对修复结构的耐久性较为有利。

参 考 文 献

［1］刘冰.机场道面微裂缝快速修复材料合成及其性能研究［D］.南京:南京航空航天大学,2010.

［2］彭聚才,凌建明.机场混凝土道面快速修复技术研究［J］.华东公路,2009(4):46-49.

［3］陈卫峰.机场混凝土道面裂缝修补后性能评价［D］.南京:南京航空航天大学,2008.

［4］高屹.机场道面快速抢修试验研究［D］.天津:天津大学,2006.

［5］靳美倩.机场水泥混凝土道面典型病害分析及处治技术研究［D］.西安:长安大学,2015.

［6］赵霄龙,申臣良,邓红卫,等.寒冷地区机场道面高耐久性混凝土的研究及应用［J］.混凝土,2001(4):49-51.

［7］唐山林.寒冷地区水泥混凝土路面典型病害类型与成因机理研究［D］.重庆:重庆交通大学,2014.

［8］周飞.寒冷地区混凝土路面大裂缝修复用自密实混凝土性能研究［D］.重庆:重庆交通大学,2014.

［9］王建军,张景生,方家银,等.西北地区道面混凝土抗裂性研究与应用［J］.混凝土,2012(11):30-31,48.

［10］周茗如,张豪杰,卢长来,等.西北地区负温混凝土冻融耐久性试验性能研究［J］.混凝土,2012(5):38-40,43.

［11］刘勇,王硕太,张景生,等.西北地区道面混凝土早期裂缝防治技术［J］.混凝土,2009(4):108-109.

［12］赵思瓅,晏华,李云涛,等.磷酸镁水泥研究进展［J］.硅酸盐通报,2017,36(10):3303-3310.

[13] 齐召庆,汪宏涛,徐哲.磷酸镁水泥研究进展[J].四川兵工学报,2015,36(12):109-113,129.

[14] 常远,史才军,杨楠,等.磷酸镁水泥基材料耐久性研究进展[J].硅酸盐学报,2014,42(4):486-493.

[15] 伊海赫,李东旭.磷酸镁水泥研究进展[C]//中国硅酸盐学会房材分会、中国建筑学会建筑材料分会、中国硅酸盐学会水泥分会.第五届全国商品砂浆学术交流会论文集(5th NCCM),2013:58-64.

[16] 冯璐.磷酸镁水泥砂浆与钢纤维粘结性能试验研究[D].郑州:郑州大学,2018.

[17] 尤超.磷酸镁水泥水化硬化及水化产物稳定性[D].重庆:重庆大学,2017.

[18] 范英儒.磷酸镁水泥基材料的修补粘结性能研究[D].重庆:重庆大学,2016.

[19] 张涛.磷酸镁水泥水化行为及水化产物稳定性的热力学模拟[D].南京:东南大学,2016.

[20] 陈定强.磷酸镁水泥组分对凝结时间影响的研究及机理分析[D].沈阳:沈阳理工大学,2016.

[21] 段新勇.磷酸镁水泥基快速屏蔽材料的制备及其性能研究[D].绵阳:西南科技大学,2015.

[22] 肖卫.磷酸镁水泥机场快速修补材料的物理力学性能和耐久性[D].南京:南京航空航天大学,2015.

[23] 杨楠.磷酸镁水泥基材料粘结性能研究[D].长沙:湖南大学,2014.

[24] 曹勇.水泥混凝土路面多功能快速修补材料研究[D].长沙:长沙理工大学,2012.

[25] 汪宏涛.高性能磷酸镁水泥基材料研究[D].重庆:重庆大学,2006.

[26] TOMIC E. High-early-strength phosphate grouting system for use in anchoring a bolt in a hole:US04174227A[P]. 1979-11-13.

[27] SOUDÉE E,PÉRA J. Mechanism of setting reaction in magnesia Phosphate cements[J]. Cement and comcrete research,2000,30(2):315-321 .

[28] SOUDÉE E,PÉRA J. Influence of magnesia surface on the setting time of magnesia-phosphate cements[J]. Cement and concrete research,2002,32 (1) :153-157.

[29] 王爱娟,李均明,马安博,等. 氧化镁煅烧温度对磷酸镁生物骨胶固化过程的影响[J]. 材料热处理学报,2012,33(7):5-8.

[30] YANG Q B,WU X L. Factors influencing properties of phosphate cement-based binder for rapid repair of concrete[J]. Cement and concrete research,1999,29(3):389-396.

[31] 杨全兵,吴学礼. 新型超快硬磷酸盐修补材料的研究[J]. 混凝土与水泥制品,1995,6:13-15,30.

[32] 杨全兵,张树青,杨学广,等. 新型超快硬磷酸盐修补材料的应用与影响因素[J]. 混凝土,2000(12):49-54.

[33] 常远,史才军,杨楠,等. 不同细度 MgO 对磷酸钾镁水泥性能的影响[J]. 硅酸盐学报,2013(4):492-499.

[34] 姜洪义,张联盟. 磷酸镁水泥的研究[J]. 武汉理工大学学报,2001,23(4):32-34.

[35] 姜洪义,周环,杨慧. 超快硬磷酸盐修补水泥水化硬化机理的研究[J]. 武汉理工大学学报,2002,24(4):18-20.

[36] 杨建明,钱春香,张青行,等. 原料粒度对磷酸镁水泥水化硬化特性的影响[J]. 东南大学学报(自然科学版),2010,40(2):374-379.

[37] 杨建明,钱春香,焦宝祥,等. 缓凝剂硼砂对磷酸镁水泥水化硬化特性的影响[J]. 材料科学与工程学报,2010,28(1):31-35,75.

[38] SCAMEHOM C A ,HARRISON N M,MCCARTHY. Water chemislry on surface defect sites:Chemidissociation versus physicsorption on MgO(001)[J]. Chemical physics,1994,101(2):1547-1554.

[39] LI Y,SUN J,LI J Q,et al. Effects of fly ash,retarder and calcination of magnesia on properties of magnesia-phosphate cement[J]. Advances in cement research,2015,27(7):373-380.

[40] LI Y,SUN J,CHEN B. Experimental study of magnesia and M/P ratio influencing properties of magnesium phosphate cement[J]. Construction and building materials,2014,65:177-183.

[41] DING Z,LI Z J. High-early-strength magnesium phosphate cement with fly ash[J].

ACI materials journal,2005,102(6):375-381.

[42] WAGH A S,SINGH D,JEONG S. Chemically bonded phosphate ceramics for stabilization and solidification of mixed waste[M]. Boca Raton,FL:CRC Press,2001.

[43] 赖振宇,钱觉时,卢忠远,等.原料及配合比对磷酸镁水泥性能影响的研究[J].武汉理工大学学报,2011,33(10):16-20.

[44] 李倩,赖振宇,卢忠远.复合磷酸盐磷酸镁水泥的性能研究[J].混凝土与水泥制品,2012(11):22-25.

[45] FAN S J,CHEN B. Experimental study of phosphate salts influencing properties of magnesium phosphate cement[J]. Construction and building materials,2014,65:480-486.

[46] 范英儒,秦继辉,汪宏涛,等.磷酸盐对磷酸镁水泥粘结性能的影响[J].硅酸盐学报,2016,44(2):218-225.

[47] 高瑞,宋学锋,张县云,等.不同磷酸盐对磷酸镁水泥水化硬化性能的影响[J].硅酸盐通报,2014,33(2):346-350.

[48] 杨建明,钱春香,焦宝祥.Na$_2$HPO$_4$·12H$_2$O对磷酸镁水泥水化硬化特性的影响[J].建筑材料学报,2011,14(3):299-304.

[49] QIAN C X,YANG J M. Effect of disodium hydrogen phosphate on hydration and hardening of magnesium potassium phosphate cement[J]. Journal of materials in civil engneering,2011,23(10):1405-1411.

[50] HALL D A,STEVENS R,JAZAIRI B E. Effect of water content on the structure and mechanical properties of magnesia-phosphate cement mortar[J]. Journal of the American ceramic society,1998,81(6):1550-1556.

[51] HALL D A,STEVENS R,JAZAIRI B E. The effect of retarders on the microstructure and mechanical properties of magnesia-phosphate cement mortar[J]. Cement and concrete research,2001,31(3):455-465.

[52] XING F,DING Z,LI Z J. Effect of additives on properties of magnesium phosphosilicate cement[J]. Advances in cement research,2011,23(2):69-74.

[53] YANG Q B,ZHU B R,ZHANG S Q,et al. Properties and applications of magnesia-

phosphate cement mortar for rapid repair of concrete[J]. Cement and concrete research,2000,30(11):1807-1813.

[54] 姜洪义,梁波,张联盟. MPB 超早强混凝土修补材料的研究[J]. 建筑材料学报,2001,4(2):196-198.

[55] 薛明,曹巨辉,蒋江波,等.硼砂对磷酸镁水泥性能影响及微观作用机理分析[J]. 后勤工程学院学报,2011,27(6):52-55.

[56] 谭永山.利用盐湖提锂副产含硼氧化镁制备磷酸镁水泥的试验研究[D].北京:中国科学院大学,2014.

[57] 吉飞,焦宝祥,丘泰.尿素对磷酸镁水泥凝结时间和水化放热的影响[J].混凝土与水泥制品,2013(5):1-4.

[58] LAHAALLE H,COUMES C C D,MESBAH A,et al. Investigation of magnesium phosphate cement hydration in diluted suspension and its retardation by boric acid[J]. Cement and concrete research,2016,87:77-86.

[59] BOUROPOULOS N C,KOUTSOUKOS P G. Spontaneous precipitation of struvite from aqueous solutions[J]. Journal of crystal growth,2000,213(3-4):381-388.

[60] DA SILVA S,BERNET N,DELGENÈS J P,et al. Effect of culture conditions on the formation of struvite by Myxococcus xanthus[J]. Chemosphere,2000,40(12):1289-1296.

[61] ZHANG T,CHEN H,LI X Y,et al. Hydration behavior of magnesium potassium phosphate cement and stability analysis of its hydration products through thermodynamic modeling[J]. Cement and concrete research,2017,98:101-110.

[62] CHAU C K,QIAO F,LI Z J. Microstructure of magnesium potassium phosphate cement[J]. Construction and building materials,2011,25(6):2911-2917.

[63] XU B,MA H Y,LI Z J. Influence of magnesia-to-phosphate molar ratio on microstructures, mechanical properties and thermal conductivity of magnesium potassium phosphate cement paste with large water-to-solid ratio[J]. Cement and concrete research,2015,68:1-9.

[64] WEILL E,BRADIK J. Magnesium phosphate cement systems:US4756762[P]. 1986-07-12.

［65］李鹏晓,杜亮波,李东旭.新型早强磷酸镁水泥的制备和性能研究[J].硅酸盐通报,2008(1):20-25.

［66］XING F,DING Z,LI Z J. Study of potassium-based magnesium phosphate cement[J]. Advances in cement research,2011,23(2):81-87.

［67］ROUZIC M L,CHAUSSADENT T,STEFAN L,et al. On the influence of Mg/P ratio on the properties and durability of magnesium potassium phosphate cement pastes[J]. Cement and concrete research,2017,96:27-41.

［68］WANG A J,YUAN Z L,ZHANG J,et al. Effect of raw material ratios on the compressive strength of magnesium potassium phosphate chemically bonded ceramics[J]. Materials science and engineering:C,2013,33(8):5058-5063.

［69］MA H Y,XU B W,LIU J,et al. Effects of water content,magnesia-to-phosphate molar ratio and age on pore structure,strength and permeability of magnesium potassium phosphate cement paste[J]. Materials & design,2014,64:497-502.

［70］MA H Y,XU B W. Potential to design magnesium potassium phosphate cement paste based on an optimal magnesia-to-phosphate ratio[J]. Materials & design,2017,118:81-88.

［71］DING Z,LI Z J. Effect of aggregates and water contents on the properties of magnesium phospho-silicate cement[J]. Cement and concrete composites,2005,27(1):11-18.

［72］LI Y,CHEN B. Factors that affect the properties of magnesium phosphate cement[J]. Construction and building materials,2013,47:977-983.

［73］YANG Q B,ZHU B R,Zhang S Q,et al. Properties and applications of magnesia-phosphate cement mortar for rapid repair of concrete[J]. Cement and concrete research,2000,30(11):1807-1813.

［74］LI Z,CHAU C K,QIAO F. Setting and strength development of magnesium phosphate cement paste [J]. Advances in cement research, 2009, 21 (4):175-180.

［75］ZHENG D D,JI T,WANG C Q,et al. Effect of the combination of fly ash and silica fume on water resistance of Magnesium-Potassium Phosphate Cement[J].

Construction and building materials,2016,106:415-421.

[76] 汪宏涛,钱觉时,曹巨辉,等.粉煤灰对磷酸盐水泥基修补材料性能的影响[J].
新型建筑材料,2005 (12):41-43.

[77] JOSHI R C,MALHOTRA V M. Relationship between pozzolanic activity and
chemical and physical characteristics of selected Canadian fly ashes [J]. MRS on-
line Proceedings library,1985,65:167-170.

[78] 林玮,孙伟,李宗津.磷酸镁水泥中的粉煤灰效应研究[J].建筑材料学报,
2010,6:716-721.

[79] 陈兵,吴震,吴雪萍.磷酸镁水泥改性试验研究 [J].武汉理工大学学报,
2011,31(4):29-34.

[80] 侯磊,李金洪,王浩林.矿渣磷酸镁水泥的力学性能和水化机理[J].岩石矿物
学杂志,2011,30(4):721-726.

[81] 张思宇,施惠生,黄少文.粉煤灰掺量对磷酸镁水泥基复合材料力学性能影响[J].
南昌大学学报(工科版),2009,31(1):80-82.

[82] LIU N, CHEN B. Experimental research on magnesium phosphate cements
containing alumina [J]. Construction and building materials, 2016, 121 (9):
354-360.

[83] LAI Z Y,LAI X C,SHI J B,et al. Effect of Zn^{2+} on the early hydration behavior of
potassium phosphate based magnesium phosphate cement [J]. Construction and
building materials,2016,129(30):70-78.

[84] WAGH A S,JEONG S Y. Chemically bonded phosphate ceramicsi:I,a dissolution
model of formation[J]. Journal of the American ceramic society,2003,86(11):
1838-1844.

[85] DING Z,DONG B Q,XING F,et al. Cementing mechanism of potassium phosphate
based magnesium phosphate cement [J]. Ceramics international, 2012, 38 (8):
6281-6288.

[86] QIAO F. Reaction mechanisms of magnesium potassium phosphate cement and its
application[M]. Hong Kong:Hong Kong Vniversity of Science and Technology,2010.

[87] QIAO F,LIN W,CHAU C K,et al. Property assessment of magnesium phosphate

cement[J]. Key engineering materials,2009,400-402:115-120.

[88] NEIMAN R,SARMA A C. Setting and thermal reactions of phosphate investments [J]. Journal of dental research,1980,59(9):1478-1485.

[89] SUGAMA T,KUKACKA L E. Characteristics of magnesium polyphosphate cements derived from ammonium polyphosphate solutions [J]. Cement and concrete research,1983,13(4):499-506.

[90] ABDELRAZIG B E I, SHARP J H. Phase changes on heating ammonium magnesium phosphate hydrates[J]. Thermochimica acta,1988,129(2):197-215.

[91] ANDRADE A,SCHUILING R D. The chemistry of struvite crystallization[J]. Mineral journal,2001,5(6):37-46.

[92] QIAO F,CHAU C K,LI Z J. Property evaluation of magnesium phosphate cement mortar as patch repair material [J]. Construction and building materials,2010,24(5):695-700.

[93] LI J S,ZHANG W B,CAO Y. Laboratory evaluation of magnesium phosphate cement paste and mortar for rapid repair of cement concrete pavement[J]. Construction and building materials,2014,58:122-128.

[94] EI-JAZAIRI B. The properties of hardened MPC mortar and concrete relevant to the requirements of rapid repair of concrete pavements[J]. Concrete,1987,21(9):25-31.

[95] FORMOSA J, LACASTA A M, NAVARRO A, et al. Magnesium Phosphate Cements formulated with a low-grade MgO by-product:Physico-mechanical and durability aspects [J]. Construction and building materials, 2015, 91 (30): 150-157.

[96] 苏柳铭,黄义雄,钱觉时. 粉煤灰改性磷酸镁水泥与普通水泥基体粘结性能研究[C]//吴文贵,冯乃谦. 第三届两岸四地高性能混凝土国际研讨会论文集. 北京:中国建材工业出版社,2012:78-85.

[97] MOMAYEZ A, EHSANI M R, RAMEZANIANPOUR A A, et al. Comparison of methods for evaluating bond strength between concrete substrate and repair materials[J]. Cement and concrete research,2005,35(4):748-757.

[98] LI J S, ZHANG W B, CAO Y. Laboratory evaluation of magnesium phosphate

cement paste and mortar for rapid repair of cement concrete pavement［J］. Construction and building materials,2014,58(5):122-128.

［99］ 李涛,胡夏闽,杨建明,等.磷酸钾镁水泥基材料与硅酸盐水泥混凝土的粘结性能研究[J].硅酸盐通报,2015,34(8):2144-2150.

［100］ LAHALLE H,COUMES C C D,MERCIER C,et al. Influence of the W/C ratio on the hydration process of a magnesium phosphate cement and on its retardation by boric acid［J］. Cement and concrete research,2018,109:159-174.

［101］ 葛灿灿.外加组分对水泥水化热影响的试验研究［D］.合肥:合肥工业大学,2015.

［102］ 董继红,李占印.GB/T 12959—2008《水泥水化热测定方法》中两种方法的联合应用[J].水泥,2010(5):62-63.

［103］ 余松柏,胡利民,曹中海.减少水泥水化热测定误差的探讨[J].水泥,2002(9):46-47.

［104］ 张谦,宋亮,李家和.水泥水化热测定方法的探讨[J].哈尔滨师范大学自然科学学报,2001(6):78-80.

［105］ 冀伟.水泥水化热试验研究分析[J].公路交通技术,2016,32(1):13-16.

［106］ 徐敏,卢长波.水泥水化热2种试验方法的比较[J].贵州水力发电,2008(1):57-59.

［107］ 王旭方,张秋英,刘胜,等.水泥水化热测定方法标准修订简介[J].水泥,2008(8):49-50.

［108］ 吴锦锋,于利刚,黄宏伟.谈水泥水化热试验及计算结果准确性[J].水泥,2005(7):62-63.

［109］ 刘实忠.中、低热水泥水化热试验及误差分析[J].水泥,1991(10):33-37.

［110］ 杨华全,覃理利,董维佳.掺粉煤灰和高效减水剂对水泥水化热的影响[J].混凝土,2001(12):9-12.

［111］ 牛丽坤.较高环境温度对水泥水化放热过程的影响研究[J].施工技术,2017,46(5):91-93.

［112］ 代金鹏,王起才,邓晓,等.−3℃养护下考虑矿物掺合料影响的水泥水化程度计算模型[J].硅酸盐通报,2017,36(4):1266-1271.

[113] 施惠生,黄小亚.硅酸盐水泥水化热的研究及其进展[J].水泥,2009(12):4-10.

[114] 廖宜顺,蔡卫兵,章凌霄,等.粉煤灰对水泥浆体的电阻率与化学收缩的影响[J].硅酸盐通报,2017,36(6):2059-2063.

[115] 陈瑜,彭香明.掺普通硅粉和纳米SiO_2水泥净浆化学收缩试验[J].长沙理工大学学报(自然科学版),2016,13(3):1-5,24.

[116] 邹成.掺纳米颗粒水泥复合净浆化学收缩与自收缩试验研究[D].长沙:长沙理工大学,2016.

[117] 周文芳,陈瑜.水泥基材料化学收缩和自收缩研究综述[J].中外公路,2013,33(4):300-303.

[118] 周文芳.复合水泥净浆化学收缩影响因素研究[D].长沙:长沙理工大学,2013.

[119] 廖宜顺,魏小胜.早龄期水泥浆体的化学收缩与电阻率研究[J].华中科技大学学报(自然科学版),2012,40(8):29-33.

[120] SCHNABEL M,SCHMIDTMEIER D,BUHR A,et al. The influence of curing conditions on cement hydration and strength[C]//57th International Colloquium on Refractories,Aachen,Germany. 2014:17-20.

[121] 陈瑜,邹成,宋宝顺,等.掺矿物掺合材水泥净浆的化学收缩与自收缩[J].建筑材料学报,2014,17(3):481-486.

[122] 杨喜,李书欣,王继辉,等.一种实时监测环氧树脂固化过程中化学收缩的方法[J].玻璃钢/复合材料,2016(1):74-78.

[123] 陈瑜,钱益想,邓怡帆.水泥基材料化学收缩与自收缩试验方法研究[J].硅酸盐通报,2016,35(2):443-448.

[124] 陈瑜,邓怡帆,钱益想.掺无机纳米矿粉水泥复合净浆的化学收缩与自收缩[J].硅酸盐通报,2016,35(9):2710-2716.

[125] 顾亚敏,方永浩.碱矿渣水泥的收缩与开裂特性及其减缩与增韧[J].硅酸盐学报,2012,40(1):76-84.

[126] 肖开涛,杨华全,董芸.水泥的化学收缩研究[J].长江科学院院报,2008(1):73-75.

［127］杨华全,肖开涛,董芸,等.混凝土化学收缩的试验方法及影响因素探讨[J].
人民长江,2008(3):4-5,8.

［128］姚振亚,郑娟荣,刘丽娜.碱激发胶凝材料化学收缩或膨胀的试验研究[J].
郑州大学学报(工学版),2008,29(4):69-72.

［129］康明,朱洪波,王培铭.矿粉、高钙灰及脱硫石膏对水泥收缩性能的影响[J].
建筑材料学报,2008(2):189-194.

［130］廖佳庆,杨长辉,陈科.碱矿渣水泥化学收缩研究[J].水泥,2008(4):6-8.

［131］左义兵,魏小胜.粉煤灰水泥浆体的电阻率与化学收缩及自收缩的相互关系[J].
重庆大学学报(自然科学版),2015,38(4):45-54.

［132］高英力,周士琼.粉煤灰对水泥浆体化学收缩的影响[J].混凝土,2002(6):
37-39.

［133］高英力,姜诗云,周士琼,等.矿物超细粉对水泥浆体化学收缩的影响研究[J].水
泥,2004(7):8-11.

［134］严吴南,蒲心诚,王冲,等.超高强混凝土的化学收缩及干缩研究[J].施工技
术,1999(5):17-18.

［135］何静涛,陈瑜,邹成.掺纳米颗粒水泥净浆化学收缩试验研究[J].交通科技
与经济,2017,19(6):65-70.

［136］吴福飞,董双快,赵振华,等.矿物掺合料对水泥基材料化学收缩与光谱性能
的影响[J].农业工程学报,2018,34(4):177-184.

［137］廖宜顺,桂雨,柯福隆,等.温度对硫铝酸盐水泥抗压强度、电阻率与化学收
缩的影响[J].建筑材料学报,2018,21(3):478-483,489.

［138］郑娟荣,姚振亚,刘丽娜.碱激发胶凝材料化学收缩或膨胀的试验研究[J].
硅酸盐通报,2009,28(1):49-53.

［139］廖佳庆.碱矿渣水泥与混凝土化学收缩和干缩行为研究[D].重庆:重庆大
学,2007.

［140］卢应发,张梅英,葛修润.大理岩静态和循环荷载试件的电镜试验分析[J].
岩土力学,1990(4):75-80.

［141］田素鹏,刘波.古建筑中灰土的扫描电镜与能谱分析试验研究[J].华北地震
科学,2016,34(B7):26-29.

[142] 王玉平,朱宝龙,陈强.软粘土扫描电镜和能谱分析试验[J].西华大学学报（自然科学版）,2010,29(5):63-65.

[143] 庞宝君,王立闻,何丹薇,等.活性粉末混凝土高温后的扫描电镜试验研究[J].混凝土,2010(12):27-30.